时装画
水彩手绘
表现实战
教程

郑喆成（AZ吉吉）————编著

FASHION
ILLUSTRATION

電子工業出版社·

Publishing House of Electronics Industry

北京·BEIJING

图书在版编目（CIP）数据

时装画水彩手绘表现实战教程 / 郑喆成编著. —— 北京：电子工业出版社，2022.7

（服装设计必修课）

ISBN 978-7-121-43468-6

Ⅰ. ①时… Ⅱ. ①郑… Ⅲ. ①时装－水彩画－绘画技法－教材 Ⅳ. ①TS941.28

中国版本图书馆CIP数据核字(2022)第083741号

责任编辑：王薪茜　　特约编辑：马　鑫
印　　刷：北京缤索印刷有限公司
装　　订：北京缤索印刷有限公司
出版发行：电子工业出版社
　　　　　北京市海淀区万寿路173信箱　　邮编：100036
开　　本：889×1194　1/16　　印张：9.5　　字数：304千字
版　　次：2022 年 7 月第 1 版
印　　次：2022 年 7 月第 1 次印刷
定　　价：79.90元

凡所购买电子工业出版社图书有缺损问题，请向购买书店调换。若书店售缺，请与本社发行部联系，联系及邮购电话：(010) 88254888，88258888。

质量投诉请发邮件至 zlts@phei.com.cn，盗版侵权举报请发邮件至 dbqq@phei.com.cn。

本书咨询联系方式：(010) 88254161～88254167转1897。

前言 PREFACE

大家好，我是郑喆成（AZ吉吉）——本书的作者，感谢你购买本书。在写这本书之前，其实想写一本关于绘制时装画实例的书，其中不涉及基础教学的内容，但是通过反复推敲，还是觉得"授人以鱼，不如授人以渔"，所以将我这几年的绘画经历，总结为一些经验和技巧，在书中和大家一起探讨，希望大家通过阅读本书能有所收获。

时尚插画的发展，离不开对现代科技的运用以及对传统技艺的传承，在绘画艺术这个领域中，我很开心地看到时装画在这几年也开始崭露头角，逐渐被人们所了解，所熟知。对于绘画的形式和工具的选择也越来越多元化、多样化。在所有的绘画形式中，我选择了水彩画，原因有二，一是水彩本身的通透感和细腻感，水和颜料的交融，具有一定的趣味性和可探索性；二是水彩颜色的自由性，对于颜色的调和，有着出色的可变性。

最后，再一次感谢你购买本书，希望你通过不断练习，可以给自己交出一份满意的答卷。

目 录 CONTENTS

CHAPTER

01 认识时装画 / 006

1.1 什么是时装画 / 007
    1.1.1 服装效果图 / 007
    1.1.2 款式结构图 / 012
1.2 时尚插画的常见风格 / 014
    1.2.1 极简草图风格 / 014
    1.2.2 精致写实风格 / 014
    1.2.3 抽象怪诞风格 / 016
1.3 时尚插画的历史 / 017

CHAPTER

02 工欲善其事，必先利其器 / 018

2.1 基础工具 / 019
    2.1.1 铅笔 / 019
    2.1.2 橡皮 / 020
    2.1.3 针管笔 / 020
    2.1.4 高光笔和高光白墨水 / 021
    2.1.5 彩色铅笔 / 021
2.2 水彩工具 / 022
    2.2.1 水彩颜料 / 022
    2.2.2 水彩笔 / 022
    2.2.3 水彩纸 / 023

CHAPTER

03 水彩表现基础 / 025

3.1 调色与明暗 / 026
3.2 水彩表现技法 / 029
    3.2.1 晕染 / 029
    3.2.2 叠色 / 032

CHAPTER

04 结构动态及五官的研究 / 034

4.1 人体结构与动态研究 / 035
    4.1.1 人体比例分析 / 035
    4.1.2 人体结构 / 037
    4.1.3 站姿绘制要点 / 040
    4.1.4 走姿绘制要点 / 047
4.2 人体四肢结构研究 / 053
    4.2.1 手部结构研究 / 053
    4.2.2 腿部结构研究 / 055
4.3 头部与五官结构分析及绘制方法 / 055
    4.3.1 五官基础分析与起稿 / 056
    4.3.2 头部的上色演练 / 063

05 不同面料的水彩表现技法 / 065

5.1　牛仔面料绘制技法　/ 066

5.2　皮草绘制技法　/ 068

5.3　蕾丝面料绘制技法　/ 070

5.4　印花面料绘制技法　/ 072

5.5　纱质面料绘制技法　/ 073

5.6　镭射面料绘制技法　/ 075

5.7　格纹面料绘制技法　/ 077

5.8　羽绒面料绘制技法　/ 078

5.9　皮革面料绘制技法　/ 080

5.10　丝绒面料绘制技法　/ 082

5.11　针织面料绘制技法　/ 084

5.12　绸缎面料绘制技法　/ 085

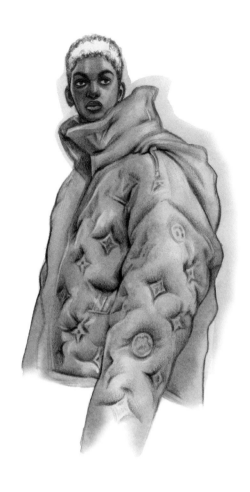

HAPTER

06 男女装综合表现技法 / 087

6.1　牛仔面料服装综合表现技法　/ 088

6.2　皮草面料服装综合表现技法　/ 092

6.3　蕾丝镂空面料服装综合表现技法　/ 096

6.4　印花面料服装综合表现技法　/ 100

6.5　纱质面料服装综合表现技法　/ 104

6.6　镭射面料服装综合表现技法　/ 108

6.7　格纹面料服装综合表现技法　/ 112

6.8　羽绒服综合表现技法　/ 116

6.9　皮革面料服装综合表现技法　/ 120

6.10　丝绒面料服装综合表现技法　/ 124

6.11　针织面料服装综合表现技法　/ 128

6.12　绸缎面料服装综合表现技法　/ 132

HAPTER

07 佳作欣赏 / 136

认识时装画

Chapter 01

1.1 什么是时装画

时装画是以绘画为基本手段，通过丰富的艺术处理手法体现服装设计的造型和整体气氛的一种艺术表现形式。目前，许多人看到这样一幅绘制着模特穿着时装"走台"，或者单纯展示服装的画作，都习惯将其称为"时装画"，但是我们所认知的这种"时装画"，应该是多元化的。

时装画按照不同的创作目的，可以进一步细分为两种形式，分别为服装效果图和服装结构图，同时服装效果图的表现手法又是多种多样的。

1.1.1 服装效果图

服装效果图是设计师将设计灵感通过平面元素描绘的着装图，在服装效果图中也分为两个侧重点，一种更偏向于说明设计，目的在于能够准确、清晰地体现其设计意图和穿着效果，其画面较为工整、规矩，且面面俱到。通过这种服装效果图，要让制衣企业或客户清晰地看出此设计的款式和主题。目前行业中绘制此类效果图的人，多用计算机或平板电脑进行绘制，相对手绘的方式更快捷，更易修改。另一种更偏向于艺术表达，时尚插画就属于这个分支，它和传统的设计效果图不同，主要以欣赏和宣传为目的，更注重表现绘画技巧和视觉冲击力，画面效果更接近艺术绘画，具有很强的艺术性和鲜明的个性特征，经常用作广告海报、样品宣传材料等，通过它可以指导消费、预告流行趋势。它又分出了多种形式和风格，绘制方式有手绘、计算机绘画、综合材料等。时尚插画的内容广泛，最主要的还是以诠释品牌服装和秀场模特为主，同时也是目前最流行，也最被广泛知晓的一个形式，是时尚插画的重要组成部分，所以内容多以服装为主，可以统称为"时装画"。同时，时尚插画还包含以珠宝首饰、箱包鞋具等为表现主体的绘制形式。时尚插画在时装画领域越来越出彩，让这个分支越来越繁荣。服装效果图的两个侧重表现方式可以互通，但是侧重设计说明的表现手法不可以太过草率或过于抽象，还是需要具体一些。本书是以时装画的形式展开研究与教学的，通过手绘水彩来表现时装画。

《怀旧》设计师：刘楠

郑喆成　绘

郑喆成　绘

1.1.2 款式结构图

款式结构图是将服装款式结构、工艺特点、装饰配件及制作流程进一步细化，形成具有切实科学依据的示意图，必要时可以以简练的文字辅助说明并附上料样。款式结构图需要做到服装正面和背面的工整示范，每一处结构都要清晰可见、有所依据，并且符合人体工学。

1.2.1 极简草图风格

时尚插画中的极简草图风格，其画面较为简单，但就是这种简单的画面，往往可以呈现最具个性的款式形态和色彩，也可以在一件服装中提取它最典型的结构或曲线，化繁为简，运用简单的线条或者色块加以诠释。画龙点睛，最重要的就是这个"睛"，一旦这个最重要的"睛"被抓到了，那么整件服装的灵魂就能够在画面中体现来。极简草图风格的画作大量使用简化手法，在有限的时间内把握服装的主要特征，从自然形态中提炼主干和重要的线条，最终完成对服装的描绘。这种风格的作品目的明确、中心突出，且绘制效率很高。极简草图风格画作的最典型特征就是"生动"，又因为它绘制快捷、方便的优点，所以使用范围非常广泛。

1.2.2 精致写实风格

时尚插画中的精致写实风格，也是较为流行的绘画方式，多以实物照片或实物为蓝本，刻画服装和人的气质精神以及细节特征，甚至微小的结构变化和光影变化都要交代清楚。精致写实风格的画作，线条细致丰富，用笔用色讲究仿真和精致，不求潇洒。画面真实感强，影调过渡自然，素描关系甚至比真实情况更具代表性，充满现实主义的完美感。精致写实风格最典型的特点就是接近真实，整个画面相对于极简草图风格的画作较容易让人欣赏与理解。不过有一些超写实风格的画作，绘制效率较低，制作周期长，完成一幅作品要耗费大量时间，所以实际应用场景并不多，目前绝大多数还是以半写实为主。

1.2.3 抽象怪诞风格

　　时尚插画中的抽象怪诞风格，也是较多插画师所采用的形式，它区别于极简草图风格和精致写实风格，画面多采用抽象、夸张、怪诞相结合的绘制方式，例如衣服刻画得较精致，但是人物可能会背离现实主义，五官过于夸张，甚至采用动物的头像，或者画面由各种线条组成，采用涂鸦、解构等方式来表现。抽象怪诞风格是更偏向于"插画"的一种形式，更加注重画者内心的表达，创作手法不被束缚，局限性小，让画者可以自由发挥，画出心中所想。此风格也算是具有鲜明个性和灵魂的绘画风格中最典型的一种，但也需要对造型和色彩有一定理解的画者才能驾驭，所以并非几日之功即可得到。

1.3 时尚插画的历史

　　时装画大约有 500 年的历史，它是设计师解读当下的服装流行趋势后，构想并表现的第一阶段。服装设计师将所要展示或计划推出的服饰，应实际需要，用手和笔将符合潮流的服饰线条、色彩、光线和感受表达出来。

　　在以前，时装画中并无特别指出"时尚插画"的概念，只是一个笼统的说法——"时装画"或者"时装效果图"，它多半都是先把预想着装后的情形画出来，是在成衣服装制作前的一个必要步骤。所以，时装画必须能表现该服饰穿着后的姿态和感觉，也必须富有真实感和立体感。时装画更偏向设计，相当于设计师的前期准备工作，为服装制作的后续工作奠定基础。

　　如今，时尚插画的概念越来越被广泛认知，许多设计师和插画师创作了不同风格的时尚插画，同时也涌现出各种为了宣传或服务于装饰艺术的时尚插画。它不再具有局限性，不仅存在于成衣制作前的设计图中，也存在于后期的重新诠释和偏艺术化的感染效果中。

　　所以本书在进行时尚插画绘画教学的同时，也希望通过这种方式来让它被更多人知道，能够让更多人了解它存在的意义和方式，希望越来越多的人能够喜欢上时尚插画，爱上手绘，更加热爱时尚艺术。

Chapter 02

工欲善其事，必先利其器。

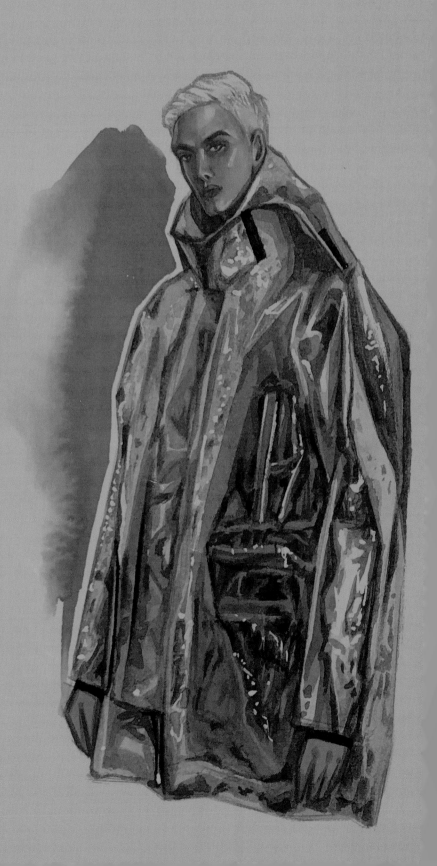

2.1 基础工具

2.1.1 铅笔

铅笔主要用来绘制大形和草稿，也可以用于画面的后期修饰与完善，其主要分为普通木质铅笔和自动铅笔。

木质铅笔有许多规格，通常都会用 H 和 B 来表示。H 是 Hard（硬）的首字母，代表铅芯的硬度；B 是 Black（黑）的首字母，代表铅芯的黑度。字母前面不同的数字也有区别，H 前面的数值越大，说明铅芯越硬，画出来的线条越浅；B 前面的数值越大，画出来的颜色越深，铅芯也越软。本书所展示案例中使用的铅笔主要为 HB 或 2B 的。

自动铅笔，即通过按动机关（一般为笔头处的按钮），自动调整铅笔芯长度的铅笔。自动铅笔按铅笔芯直径分为粗芯（直径大于 0.9mm）和细芯（直径小于 0.9mm）。在时尚插画中，使用较多的是细芯自动铅笔。自动铅笔也是起稿的主要工具，本书示例中使用的自动铅笔主要为 0.5mm、0.3mm、0.2mm，这三种规格。

不同规格的自动铅笔对应不同规格的自动铅笔芯，自动铅笔芯不止黑色一种，现在还可以买到彩色的铅笔芯，本书示例中使用的 0.5mm 自动铅笔就选用了普通的黑色铅笔芯和橙色铅笔芯（也可以用橙色彩铅代替），在绘制皮肤附近的线条时会使用橙色，因为它与肤色相近，在后期上色环节会显得更柔和。0.3mm（或者 0.2mm）的自动铅笔则选用正常的黑色铅笔芯。

施德楼木质铅笔/日本三菱木质铅笔

选购建议

1. 自动铅笔

0.5mm 的自动铅笔是最普遍的，许多品牌都可以考虑购买，如三菱、得力、施德楼、樱花、红环等。

0.3mm 的自动铅笔建议购买的品牌包括，施德楼、斑马、派通、樱花、辉柏嘉等。

0.2mm 的自动铅笔建议购买的品牌只有派通。

2. 自动铅笔芯

黑色的 0.5mm（2B）的铅笔芯任意品牌的都可以，如果是购买 0.5mm 橙色铅笔芯，还是三菱品牌的品质比较好。

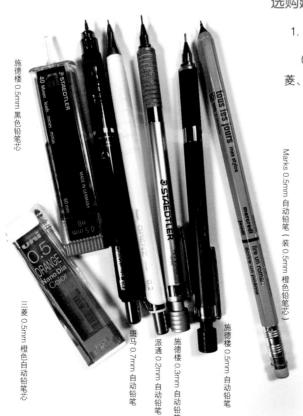

施德楼 0.5mm 黑色铅笔芯

Marks 0.5mm 自动铅笔（装 0.5mm 橙色铅笔芯）

三菱 0.5mm 橙色自动铅笔芯

斑马 0.7mm 自动铅笔

派通 0.2mm 自动铅笔

施德楼 0.3mm 自动铅笔

施德楼 0.5mm 自动铅笔

2.1.2 橡皮

橡皮主要用于擦除画面上多余的线条或者更正画错的地方。绘画橡皮种类繁多，主要以市场上销售最多的方形橡皮为主，选购时需要考虑大面积擦除要比较干净，在擦除细节时要比较容易控制。

选购建议

1. 大面积擦除橡皮

樱花 Pure Slim 透明橡皮的擦除力较强，可以大面积擦除笔迹，也可用于小面积擦除。

LOTORY（老人头）橡皮柔软且有韧性，擦拭效果比较干净且少屑，不容易弄脏画面。

2. 细节擦除橡皮

MONO（蜻蜓）自动橡皮笔擦的样式如同自动铅笔，可以通过按压机关将橡皮从橡皮管中伸出，橡皮切面有方形的，也有圆形的，使用起来差异不大，可以随意挑选。

MONO（蜻蜓）自动橡皮笔擦

LOTORY（老人头）橡皮

樱花 Pure Slim 透明橡皮

2.1.3 针管笔

在绘制时尚插画时，针管笔主要用来勾勒轮廓、表现部分面料的肌理或者图案，使用范围相对较广。针管笔又可以分为硬头针管笔和软头针管笔，颜色一般为红棕色系和黑灰色系，硬头针管笔又有不同的规格，如 0.5mm、0.8mm、0.03mm 等，软头针管笔绘制的线条较柔软，一支软头针管笔可以画出粗细不一的线条。小楷笔也属于软头针管笔，其笔头更有弹性，可以根据下笔力道控制绘制线条的粗细。

选购建议

1. 硬头针管笔

0.5mm 或者更粗的硬头针管笔可以随意选择，常见的品牌有樱花、COPIC、红环、雄狮等。

本书示例中用得最多的是 0.03mm 的针管笔，而且用到了两种颜色——棕色和黑色。棕色 0.03mm 针管笔建议购买的品牌为 COPIC；黑色 0.03mm 的针管笔建议购买的品牌为灵猫、COPIC、美辉。

2. 软头针管笔

吴竹美文字笔分为细字和极细字两种，适合用来刻画粗细不一的线条，其出水流畅，可以用来练习绘制不同粗细的线条。

樱花软头针管笔

樱花 0.3mm 针管笔

樱花 0.5mm 针管笔

COPIC 0.03mm 棕色针管笔

吴竹美文字笔

2.1.4 高光笔和高光白墨水

高光笔和高光白墨水主要用于绘制服装中的高光部分，或者绘制部分面料的肌理和图案中的
白色装饰。高光笔和高光白墨水的相同点都是覆盖性强、显色性好，可以直接覆盖在其他颜
色上且不易渗透，是绘画的必备工具。但是两者也有一些差异，高光笔的笔触较直接，
绘制线条居多，无法和其他颜色调和，所以画法比较单一，多用于绘制简单的
线条和细节。高光白墨水的使用范围比较广，能与有色颜料调和，形成新
的有覆盖性的颜色，也可以单独使用，多用水彩笔和毛笔蘸取刻画细节
或大面积涂抹。对于绘制一些大面积色块的画，使用高光白墨水的绘
制效率较高。

选购建议

1. 高光笔

高光笔也分规格，常见的有 0.3mm、0.5mm、1mm。0.3mm 的
高光笔目前只有樱花品牌的，其他规格的任何品牌的都可以。

2. 高光白墨水

本书示例用的高光白墨水是吴竹牌的，也可以选择巨匠、灵猫、COPIC
等品牌的。

2.1.5 彩色铅笔

彩色铅笔，简称"彩铅"，其颜色丰富，笔触细腻，线条感
比较强。因为本书示例中用到彩铅的机会较少，使用最多的颜
色只有白色和黑色，白色一般用于绘制牛仔面料、反光面料
和皮革等。彩铅分水溶性和油性两种，在绘制本书示例时，
可以都选用油性的，因为油性彩铅显色性好，饱和度高，
且不易与水晕染。

选购建议

白色彩铅显色性较好的为三福霹雳马品牌的白色彩
铅，或者辉柏嘉品牌绿盒装的白色彩铅。

黑色彩铅常见品牌的就可以，例如马可、得韵、
辉柏嘉、三福霹雳马等。

彩色彩铅可选的品牌有辉柏嘉、施德楼、得韵、
马可·雷诺阿等。

吴竹高光白墨水

樱花白色高光笔

三福霹雳马品牌白色彩铅

辉柏嘉品牌彩铅

2.2 水彩工具

2.2.1 水彩颜料

水彩画是用水调和颜料作画的一种绘画方法，简称"水彩"。在画水彩的过程中，一定会用到颜料，水彩颜料分为很多类型，常见的有管装颜料和固体颜料。

管装颜料的用法就是直接将颜料挤到调色盘上，加水调和后即可使用，而且每次剩余的颜料可以不用处理，直接留到下一次作画时使用，哪怕颜料干了，混合水后依旧可以继续使用。管装颜料在某些特定创作过程中也可以直接挤到画纸上，用水直接在画面上铺开晕染，以实现特殊效果。

固体颜料类似巧克力块，各种颜色整齐地排在盒子里，相较管装颜料，使用比较方便、快捷，无须挤颜料，直接用水彩笔蘸清水并在所需的颜料表面涂抹，溶解并蘸取颜色后，在调色盘中调色即可使用。因为固体颜料的体积比较小，所以固体颜料适合画一些正常尺寸或小尺寸的画。

作者自用水彩颜料（荷尔拜因 48 色）

选购建议

因目前许多品牌的水彩颜料都有管装和固体两种，所以按照用途和喜好自行挑选即可，颜色数量建议大于 24 色。目前口碑比较好的品牌有荷尔拜因、温莎·牛顿、卢卡斯、樱花、史明克、泰伦斯、美利蓝、丹尼尔·史密斯（DS）等。本书作者使用的颜料品牌为荷尔拜因。

2.2.2 水彩笔

水彩笔是画水彩的主要工具，其分类较多，按笔头形状分类主要有平头笔、尖头笔、勾线笔、半圆头笔等。平头笔可以表现块面，适合平涂，同时侧锋可以用来刻画细节，增加画面的感染力，中号以下的部分平头笔还可以用来刻画格纹面料；尖头笔是绘制时装画时最常用的一种笔，主要用来刻画细节，在绘制小画幅的画时也可以用来直接铺底色，在刻画细节时，可以表现一些细小且明显的褶皱、印花图案、蕾丝花边等；勾线笔也是水彩画常用笔之一，同样起着非常重要的作用，相当于小号的尖头笔，可以用来刻画许多精细的部位，如人物的五官和头发等；半圆头笔可以画出圆形边缘的笔触，中号以上的圆头笔可以用来平涂较大面积的结构，如长裙、礼服裙、大衣等，但不适合用来刻画细节。

选购建议

平头笔：其实许多平头水彩笔之间的区别并不大，按照预算选择一支即可，绘制本书示例时使用的为华虹牌平头笔。

尖头笔：作为使用最多的水彩笔，有许多品牌的尖头笔都可以挑选，在此列出几种作者常用的尖头笔品牌。

◆ 秋宏斋：该品牌的尖头笔其实都很好用，不过作者最喜欢的是"秀意""染小""染小小"系列的产品。

◆ 达·芬奇：最出名的 428 系列的 0 号尖头笔，使用纯貂毛制作，手感极佳，聚锋时融合了勾线笔的特征。该品牌还有 418 系列的 0 号尖头笔也可以选择，为纯松鼠毛制作，手感也不错。

◆ 阿尔瓦罗：该品牌又被称作"红胖子"，推荐 10/0 号笔或者 5/0 号笔，用松鼠毛制作，笔毛细腻、柔软且富有弹性，聚锋的感受和达·芬奇 428 系列画笔相似，吸水性好，能均匀地蘸取大量颜料，使用起来比较灵活。

◆ 华虹：该品牌来自韩国，其水彩笔种类比较多，最经典的就是 468 系列，使用尼龙毛制作，弹性很好，吸水性佳，同时笔杆为透明水晶杆，颜值较高，适合初学者使用，本书示例主要使用该品牌的水彩笔。

勾线笔：勾线笔其实并没有一个专门的品牌只提供勾线笔，所以在前面提到的品牌中都有勾线笔，且手感类似，如秋宏斋的"滋色"画笔、达·芬奇 428 系列的 0 号画笔、华虹 468 系列的 0 号画笔等。同时，勾线笔的笔头也分长款和短款，在绘制时装画时，短款的笔头较容易掌握，能够较好地绘制线条和细节。比较经典的短款笔头的勾线笔就是达·芬奇柯林斯基的 116 系列画笔，其中 1 号、2 号、3 号笔最为出色，本书示例中所用到的勾线笔就是该品牌的 2 号笔。

半圆头笔：华虹的半圆头笔种类最多，这里推荐两种，一是华虹 982 系列的 4 号、6 号笔，二是华虹 800 系列的 4 号、6 号笔。

剩下的还有其他类型的水彩笔，例如像刷子一样的刷笔等，本书示例中用到这类笔最多的用途是上色前的铺水环节。

2.2.3 水彩纸

水彩纸作为水彩画重要的媒介，其材质主要分为两种——棉浆纸和木浆纸。棉浆纸的主要特点为吸水性好，适合反复叠色和晕染，具有较好的不透明性，且可以长久保存；木浆纸的吸水性没有棉浆纸好，所以遇到一些需要反复叠色的细节可能会比较吃力，晕染时容易出现水痕，且水痕明显。虽然该纸易擦洗，但是水分不好控制，所以不适合初学者使用。本书示例采用的水彩纸都为棉浆纸。水彩纸的纹路也有区别，常见的有粗纹、中粗纹和细纹。在画时装画时，粗纹和中粗纹因为颗粒过大，导致细节无法很好地表现，所以要画精致写实风格的时装画时建议选择细纹纸。在我们挑选水彩纸时，经常会看到一些类似200、300的数字，它们表示该纸每平方米的重量，数值越大，纸越厚，吸水性越好，可重复上色率越高。

选购建议

水彩纸有许多比较著名的品牌，常见的有康颂、宝虹、获多福、阿诗等，挑选时尽量选择细纹300g/m² 以上的。

细纹　　　中粗纹　　　粗纹

水彩表现基础

3.1 调色与明暗

水彩画的发展历经几百年，当今越来越多的人开始了解它、学习它，其清透鲜明、质感清新的特点，让人们对其着迷，可是在刚开始接触水彩画的时候，也有许多人对其望而却步，觉得水彩是一种很难掌握的绘画技法。所以，在这里需要先认识一下水彩，从基础开始，理解并运用它。

水彩的调色

首先，要记住三基色——红、黄、蓝之间的关系，红色 + 黄色变为橙色，红色 + 蓝色变为紫色，蓝色 + 黄色变为绿色，又因为各自的含量不同，混合的颜色也会有所区别，如红色较多，黄色较少，最后调出来的颜色就是偏红的橙色；蓝色较多，黄色较少，最后调出来的颜色就是偏蓝的蓝绿色，以此类推。

所以，哪怕是三种、四种甚至更多颜色混合，含量的不同都决定着混合颜色的千变万化。在调色之前，需要大家用心思考一下，此颜色在颜料盒中是否存在，可否直接用。如果没有，是否可以通过混合几种颜色得到。如果可以通过混合得到，那么又是哪几种颜色呢？两种、三种，还是更多？这些问题都要考虑清楚，但是在调色的过程中尽量不要使用超过 4 种颜色进行混和，太多种颜色混合很容易造成得到的颜色很脏、很灰，其实，大部分颜色都可以通过混合两三种颜色得到。

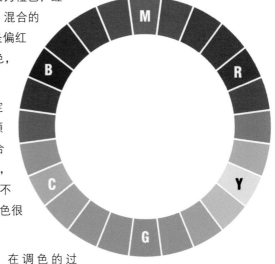

在调色的过程中，还要学会判断冷暖色的区别，常见的暖色调包括红色、橙色、黄色；常见的冷色调包括蓝色、绿色、紫色。但是色彩的冷暖感觉是相对的，除橙色与蓝色是色彩冷暖的两个极端外，其他色彩的冷暖感觉都是相对存在的。例如紫色和绿色，紫色中的红紫色较暖，而蓝紫色则较冷；绿色中的草绿色带有暖意，而翠绿色则带有寒意。所以大家在上色之前，在分清是什么颜色的基础上，还要判断是冷色调还是暖色调。例如一条紫红色的裙子，那么就可以尝试用红色调和蓝色得到紫色，红色的量大于蓝色的量，那么最后就会得到偏暖的紫红色。相反，如果蓝色用得比较多，最后调和的就是偏冷的蓝紫色。

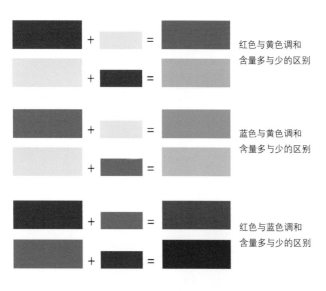

红色与黄色调和含量多与少的区别

蓝色与黄色调和含量多与少的区别

红色与蓝色调和含量多与少的区别

偏冷色：
蓝紫色 　 翠绿色

偏暖色：
紫红色 　 草绿色

颜色的明暗关系

"水彩"可以拆分为"水"和"彩"，首先要理解它们之间的关系，水分的运用是学会画水彩画的基础，颜色的深浅、明暗关系的变化和水分的含量密不可分。水分越多，颜色就会越淡，反之亦然。所以，在绘制水彩画的时候要学会把控好水分的量，一种颜色，水分含量不同，它所呈现的深浅也会有不同的变化，这些变化时而微妙，时而强烈。接下来就用色彩中的三基色——红、黄、蓝来示范。

通过水分含量的不同，可以选取一种颜色进行9种微妙划分和3种强烈划分。

蓝色

红色

黄色

通过水分含量的不同，可以选取两种颜色进行调和，对得到的新颜色进行9种微妙划分和3种强烈划分。

蓝色 + 红色 = 紫色

蓝色 + 黄色 = 绿色

红色 + 黄色 = 橙色

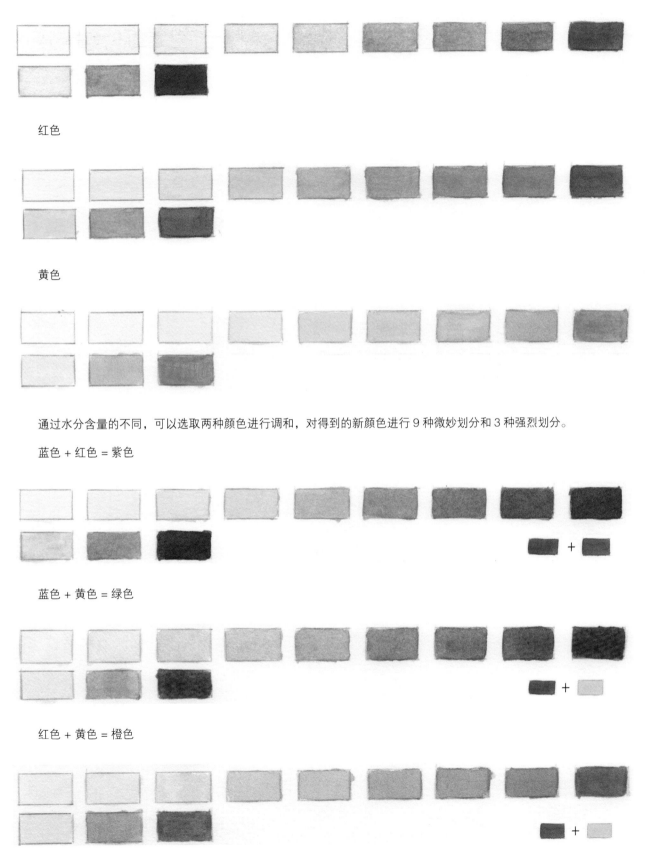

综上所述，水分含量越多，颜色越浅；水分含量越少，颜色越深。无论是单色还是混合色，甚至是三四种颜色混合叠加，它们的深浅都取决于水分的含量。

但是水彩的明暗关系还不止于此，水彩中的明暗关系千变万化，在控制好水分含量的基础上，还存在一些变深和变浅的方法，例如调和深色或者黑色，调和浅色甚至是白色等。但是想要将其变浅，一般难以通过调和浅色系颜料来达到变浅的目的，因为许多浅色系颜料质地比较薄且清透，无法通过简单的调和而变浅，除了具有一定覆盖力和厚度的浅色系颜料，如荷尔拜因 W232 号色（肤色）。所以，在多数情况下，还是会调和一些白色或者清水使其变浅，而且调和白色的同时，颜色不止会变浅，还会变粉，所以白色的用量需要精确控制。

调和黑色使颜色变深：通过控制水分含量，可以选取一种颜色和黑色调和，然后进行 9 种微妙划分和 3 种强烈划分。

蓝色 + 黑色

红色 + 黑色

黄色 + 黑色

调和白色使颜色变浅：通过控制水分含量，可以选取一种颜色和白色调和，然后进行 9 种微妙划分和 3 种强烈划分。

蓝色 + 白色

红色 + 白色

黄色 + 白色

水彩是一个丰富多彩的世界，在学习水彩绘画的基础技法时，首先要掌握颜色的明暗关系和对水分含量的控制方法，学会调色，分清冷暖。我们可以从前文的示范中看出，单色、混合色在水分含量的精确控制下可以自由变换深浅，同时，在其基础上又可以再去调和新的深色或者浅色，然后根据需求以及对所刻画服装的观察，明确这个结构是暖色调的还是冷色调的，是暗部还是亮部，是深还是浅，是浅色的冷色调（如淡蓝色）还是深色的暖色调（如深红色）。在绘画的过程中，一定要先观察再动笔。初学者对于色彩的掌控一定要经过深思熟虑，才不容易出错。

3.2 水彩表现技法

3.2.1 晕染

水彩的晕染，无论是在什么类型的水彩画或者时装画中，都是很常见的，它的效果比较梦幻，即以颜料自然渲染后形成的柔和色调来替代明确的轮廓线和边界，让人产生朦胧、梦幻般联想的绘画技巧。如果画纸过于湿润，有水在纸面上流淌，颜料反而不易渗透。在适度湿润的画纸上，颜料会迅速渗入纸张形成混色效果。使用这种绘画方法，可以令你在即便没有实际参考对象的情况下，只凭想象、大胆用色也可以营造有趣的绘画效果。

单一晕染

先在调色盘上调好一种颜色或者混合颜色，然后在纸上铺一层薄清水，使其湿度适中，用水彩笔蘸取该颜色后融入其中进行刻画。

蓝色

红色

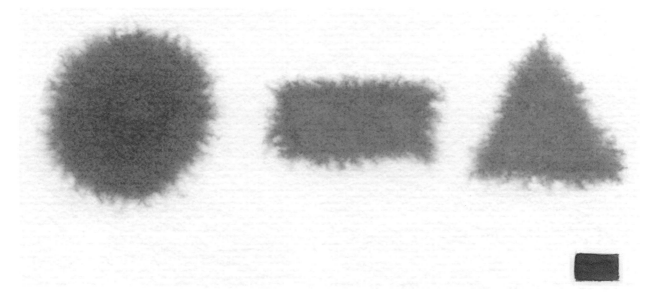

黄色

　　先在调色盘上调好两种或者多种需要晕染的颜色，然后在纸上铺一层薄清水，使其湿度适中，分别用不同的水彩笔蘸取颜色后融入其中进行刻画，一定要把握好时间，切忌拖拉。此时，两种颜色的交界处会形成新的颜色。

蓝色 + 红色

蓝色 + 黄色

红色 + 黄色

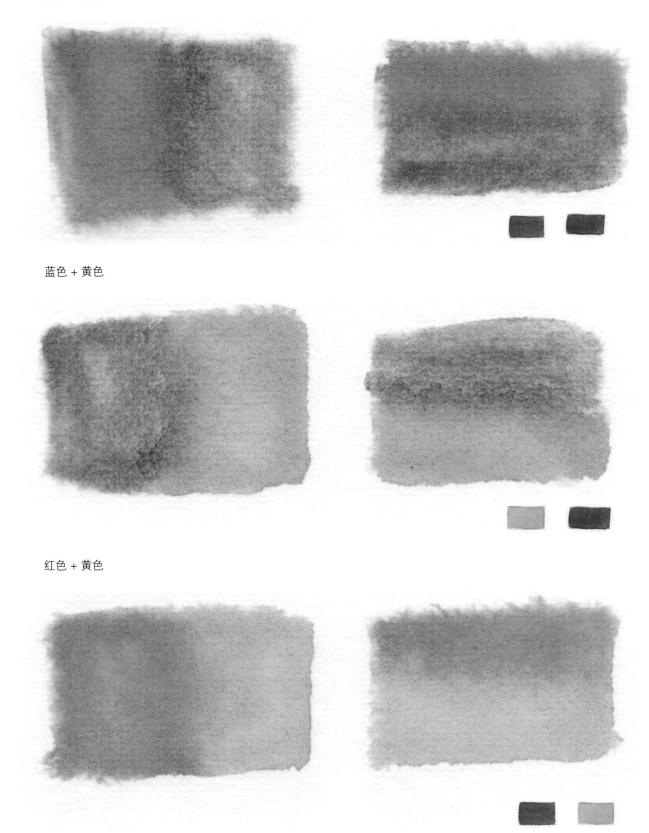

3.2.2　叠色

　　叠色也是水彩常用的画法之一，在时装画中经常用来刻画一些面料的层次和质感，也可以用于刻画明显的褶皱与图案等。叠色的关键在于，当底色干后才能再往上叠加新颜色，等颜色干后，重复叠加新颜色，不过叠色一般不要超过4层，否则控制起来会比较困难，也容易使画面变"脏"。

双色叠加

蓝色 + 红色

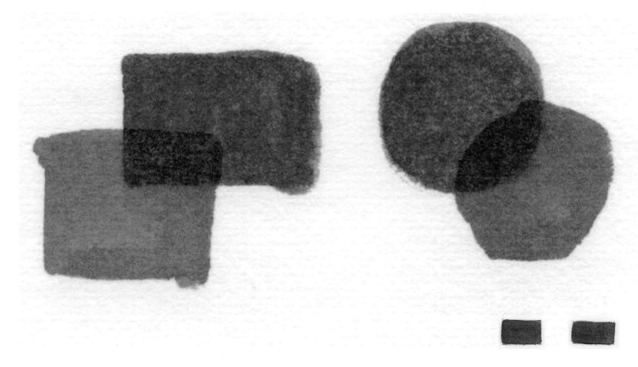

蓝色 + 黄色

红色 + 黄色

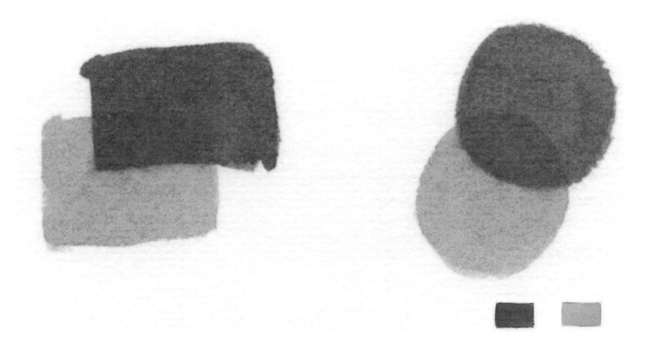

三色叠加

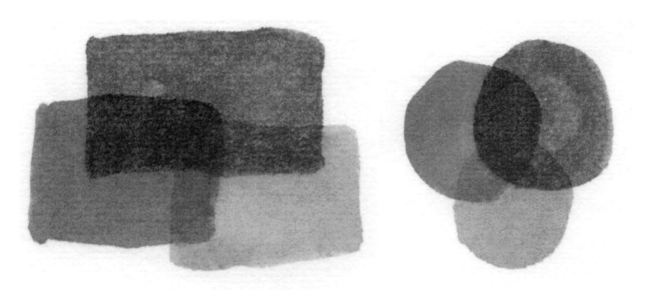

　　绘制水彩画的技法其实非常多，但是究其根本就是水与颜料之间的配合。晕染和叠色作为绘制水彩画最基本的技法，分别扮演着不同的角色。在添加水的基础上，我们可以做出各式各样的晕染效果，单色、双色，甚至多色，其会呈现如梦似幻的效果。在此基础上，通过水分的调和，将第一层颜色画出来并等水分干透，进行二次叠色或者三次叠色，不但提高了颜色之间的对比，还提高了画面的丰富度，为画面添加一份厚重感和质感。同样，叠加和晕染可以相辅相成，例如在叠色的基础上晕染，或者在晕染的基础上叠色。所以，通过这两种绘制水彩画的经典技法，不仅可以增加画面的层次感，还可以让画面富有生机，灵动感油然而生。

Chapter 04

结构动态及

五官的研究。

4.1 人体结构与动态研究

4.1.1 人体比例分析

　　想要画好时装画，关键就是先将人体画好，因为有了标准的人体才能有好的服装。只有在掌握好人体比例的基础上，才能更好地发挥服装的功能并展现视觉效果。人体就如同衣架子，只有这个衣架子搭好了，衣服才能展现得更完美。要掌握好人体的造型，首先要掌握好人体的比例关系。

　　在时装画中，常见的人体比例有 8 头身、9 头身、10 头身，甚至 12 头身、13 头身等。因为插画师的绘画风格不同，以及对人体的认知不同，有的人喜欢偏现实的身材比例，有的人则喜欢夸张一些的身材比例，有些采用低于正常人体比例的时装画，也同样很有特色，所以每个人可以按照自己的习惯和喜好来表现。现实生活中的人体比例以自身的头高为长度单位来测量，中国人的比例一般为 7.5 头身，西方人一般为 8 头身。在绘制时装画的过程中，为了更好地突出服装，满足观者视觉上的审美需求，会尽量通过拉长腿部或者用更夸张的艺术处理手法来表现画中的人体（本书所刻画的人体都为 8.5~9 头身的精致写实风格）。

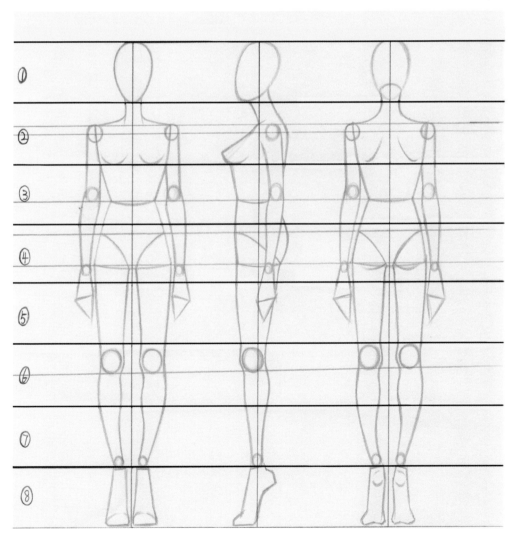

8 头身

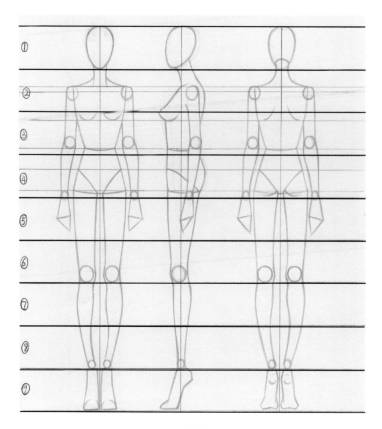

9 头身

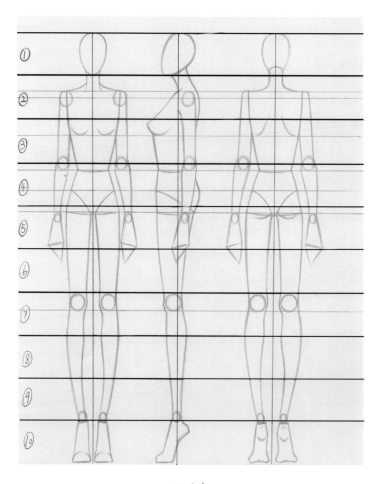

10 头身

1. 骨骼与关节

当我们绘制人体时，必须了解人体内部的结构，其主要分为骨骼和肌肉。本节主要从骨骼和关节开始讲起，因为骨骼是构成一个人体最重要的支架。在绘画过程中，很多初学者经常把人体画成"橡皮泥人"，即缺失了重要的骨骼和关节，整个人体处于一种特别软的状态，再夸张一些说就是成了没有骨头的躯体。所以，在学习人体画法前，我们需要先掌握人体的骨骼分布结构。

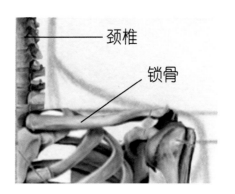

从肩膀往两侧看，可以看到整个手臂是由两部分组成的——上臂和下臂，连接处为手肘，这里是第一个重要的关节。上臂的骨头称作"肱骨"，也是画人体时需要注意的重点。从下图中可以看出，关节处的骨头较宽大，皮肤和肌肉包裹着骨骼，因此画到此处时，皮肤轮廓要明显向外凸起，而且要注意此处线条的走向和转折。因为手臂和手掌连接处有腕骨，依旧是一块小而宽的骨骼，所以画到腕骨时也要强调一下此处的轮廓。

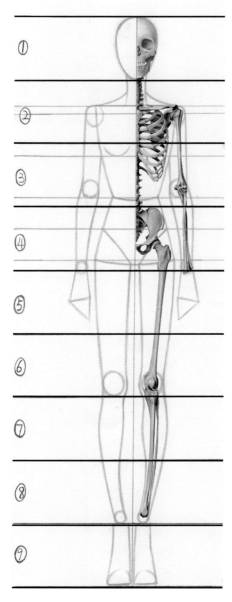

人体的骨骼和关节结构图

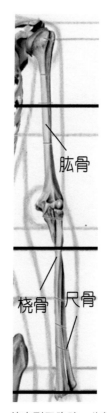

从肩膀往下看，就来到了胸腔，此部分的骨骼称为"肋骨"，因为肋骨和锁骨的存在，所以人们的上身胸腔会呈现一个倒正等腰梯形，也是因为在腰部附近没有骨骼只有脊柱，人体的腰部会往内收，这也是为什么在正常情况下腰部

根据骨骼结构图，我们依次进行分析。首先从颈椎下来到达肩膀，这里为锁骨的位置，可以看到从锁骨窝一直延伸到两侧肩峰，从而形成人体的肩膀结构。

要比胸腔和胯部小的原因。所以，在画到这里的时候，一定要把握好胸部和腰部的宽度，保证整个梯形结构稳定，不倾斜、不扭曲。

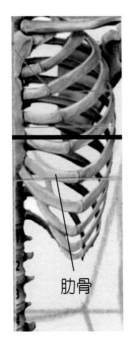

肋骨

再往下为胯部，人体的下部分由髋骨连接，上部为腰部的脊柱，所以胯部形成一个正等腰梯形，和上半身相反。在绘制此处的结构轮廓时，应该朝两侧斜向下的方向画，构成胯部的体积感。

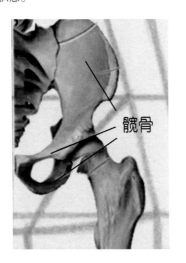

髋骨

接下来就到了腿部。腿部的结构和手臂的结构相似，都是由两部分组成的——大腿和小腿，连接的关节为膝盖。画到腿部时线条要流畅，并把膝盖加强，凸显关节的位置，这也是画腿的重点，连接的脚踝处要往里收，因为脚踝骨骼和脚掌的连接处又是一个小而宽的关节，所以最后再画出脚踝两侧的凸起结构，让整个腿部线条流畅、自然地过渡到脚掌处。

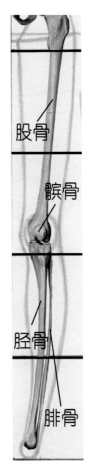

股骨

髌骨

胫骨

腓骨

综上所述，我们可以总结出几个画人体的重要结构与关键点，把握好这几个重要的位置和形状，对于绘制人体十分重要——肩膀（肩峰）、手肘、手腕、胸腔（上身）、腰部（上下身连接处）、胯部（下身的开始处）、膝盖、脚踝。

2.肌肉与体型

在了解了基本的骨骼结构知识后，我们还需要了解附着在骨骼上的肌肉形态。在画时装画的人体部分时，较多的肌肉会出现在男性身上，此时很多初学者会遇到类似的问题，例如有些人可以把女人画得很好，但是画男人就一塌糊涂；有些人总是把男人画得像女人，导致身体扭曲；有些人在不遵循骨骼生长规律的前提下，加上强行刻画肌肉，导致人体像橡皮泥，毫无美感。肌肉线条是我们在画时尚插画中的人体时，需要重点掌握的知识点，也是经常会碰见的棘手问题，尤其是当遇到画男人的时候，其会起到关键的作用。那么，如何在一个人体上，对肌肉的刻画做到自然、准确，就需要大家了解每一个部位所对应的肌肉形态，还要保证在骨骼关节都正确表现的基础上，再去加强和修饰。

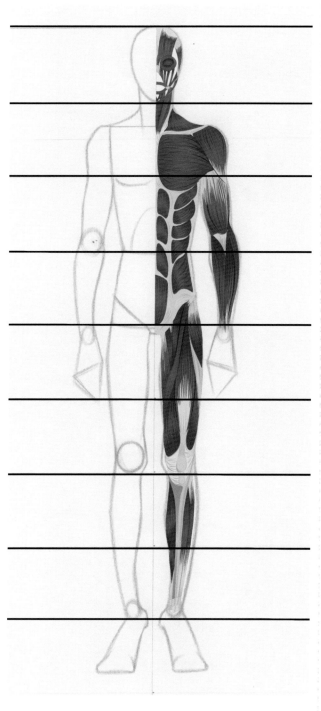

人体的肌肉组织分布图

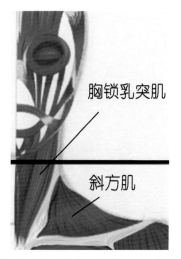

胸锁乳突肌

斜方肌

再从肩膀两侧向下观察，就到了手臂的位置，我们可以看出上臂和下臂的肌肉有几处较明显的区别。从肩峰处下来的第一块肌肉，叫作"三角肌"，为手臂的第一个肌肉凸起。再从三角肌向下延伸，到第二个凸起的部分，叫作"肱二头肌"，其后叫作"肱三头肌"。再往下就到了手肘关节，因为此处肌肉发达，凸起的轮廓可以稍微向下延伸，此处的肌肉叫作"肱桡肌"，在小臂上为第三个凸起。所以，在画手臂的时候要注意这三个凸起的肌肉形态，只要线条准确、流畅，就能很好地将手臂肌肉表现得清晰、自然。此处为第二个可以区分男性和女性的特征。

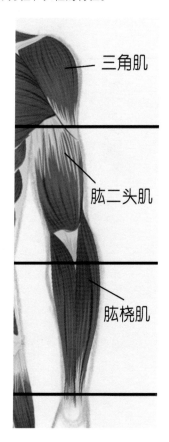

三角肌

肱二头肌

肱桡肌

首先，还是从颈椎开始，可以看到喉结两侧的肌肉分布，此处的肌肉叫作"胸锁乳突肌"。因为它的存在，所以我们在画脖子的阴影时要强调胸锁乳突肌，这样可以让脖子显得修长、有美感。从脖子两侧看，就到了肩膀的位置，可以看到肩膀处的大肌肉群，此处的肌肉叫作"斜方肌"。有些人的斜方肌较为发达，在男性中较为明显，女性也有斜方肌但较不明显，所以斜方肌是绘画中第一个可以区分男性和女性的特征。

接下来是胸腔的位置，可以看到胸部的两个大块肌肉，叫作"胸大肌"，女性为乳房。从胸肌往下看，在接近腰部两侧的位置叫作"前锯肌"。这几个部位在画时装画的时候较少碰到，但是如果需要表现，将其表达清楚即可。

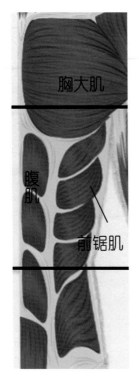

再来看胯部，胯部同样为等腰梯形的结构，但在髋骨处的轮廓会相对凸出。因为此处和大腿连接，如果肌肉较发达，骨骼凸起处的肌肉会延伸到大腿处，此处的肌肉叫"张阔筋膜肌"。同样，它也是可以明显区分男性和女性的重要特征之一。

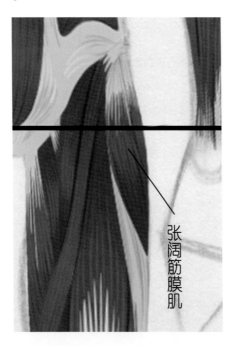

从胯部下来就到了腿部，大腿就像是圆柱体，从侧面到正面再到侧面，外侧的肌肉叫作"股外肌"，画到此处时要稍微加强一下，但是不要将肌肉表现得过于发达。正面的

位置是"股直肌"，因为有它的存在，这一处往往就是裤装高光的位置。转向内侧是"股内肌"，其稍微往上靠近裆部的位置是"股薄肌"。男性的股薄肌相较于女性会比较明显，所以刻画此处时稍加强调，可以更容易凸显男性特征。然后画到膝盖，着重强调膝盖后，再去刻画小腿。小腿也是因为内外侧的肌肉倾向，所以轮廓都会有所凸起，外侧的凸起肌肉叫作"胫前肌"，内侧的凸起肌肉叫作"腓肠肌"。最后到达脚踝，因为此处的肌肉都是在不断运动的，所以男性和女性小腿处的肌肉轮廓都较为明显，在绘制的过程中切记要刻画出来，不要省略。

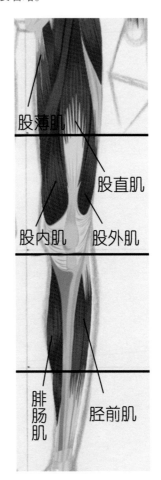

综上所述，在肌肉的表达中，有几个部位要格外注意，同时还有一些部分在男性人体要突出表现：脖子的胸锁乳突肌，肩膀的斜方肌，手臂的三角肌、肱二头肌、肱桡肌，上身的胸大肌、前锯肌，胯部的张阔筋膜肌，大腿的股外肌、股直肌、股内肌、股薄肌，小腿的胫前肌、腓肠肌。

4.1.3 站姿绘制要点

接下来正式进入绘制人体的学习，结合前面讲到的骨骼和肌肉的关系，男性和女性人体类似，但又有所区别。

在绘制男性和女性人体时，我们可以将女性人体归结为"骨感"，意思就是女性人体要遵守前面提到的骨骼结构关系，确保每个关节都在其正确的位置上，同时要保证线条柔美，并在关节处进行强调，最终画出富有流畅曲线的女性人体。

在绘制男性人体时，可以将其归结为"力感"，即男性人体在遵循正确骨骼结构的基础上，还要表现肌肉线条，绘制时线条要果断、有力。但是在时装画中，男性人体的表现方式还是以基本型为主的，肌肉稍作表现即可，较少出现肌肉过于发达、人体过于壮实的表现形式，因此以作者的风格为例，本书的男装案例多以基本型、清瘦风格为主。

因男性和女性人体的基本画法相同，只有个别部位比例以及肌肉的形态有所区别，所以女性人体的画法为讲述重点。在讲述人体的画法时，会列出男女画法的区别，相同之处将不再赘述。

下面开始详述女性人体的画法。

（1）人体长度

以 A4 纸为例，定出 9 头身的长度，本书的人体范画长度为 22.5cm，一个头长为 2.5cm。尽量不要"顶天立地"地绘制，应该留出一些空白区域，让整个人体在画面中显得更有美感和空间感。

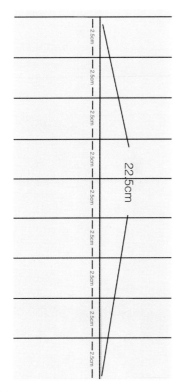

（2）头部

在第 1 个头长的位置画出头部，为一个椭圆形，或者倒鸡蛋形。为了方便接下来的参数对比和绘制，这里要记住一点，这个椭圆形并不是最终的脸型，它只是一个范围，随

后的五官绘制需要在这个范围内确定和测量，最后才在这个椭圆形上刻画面部轮廓。

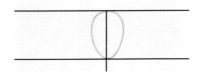

（3）脖子与肩膀

在第 2 个头长位置上需要确定一个点，这个点为锁骨窝的位置，即中心线和重心线的交点，也是平分肩线的中心点。这个点的位置大概在第 2 个头长的中心再垂直往上延伸 2~3mm 的位置，然后过这个点画一条水平线，宽度为两个头宽（以中心线平分），此线即为肩线（头宽应从椭圆形的最宽处开始测量，而不是随意的宽度，例如下巴两边测量的宽度肯定不是头的最宽处）。画出脖子的形状和体积感，脖子是从下巴两侧画下来的，不要画得过细，也不要太粗，连接到肩线上。然后过两个肩点画出斜方肌，斜方肌的大小视男女人体而定，女性稍平，男性稍壮，最终脖子和肩膀处的基本形态就完成了。

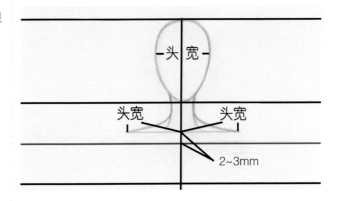

（4）胸腔

在第 3 个头长位置上，从此头长的底部往上延伸 4~5mm 并确定一个点，过此点绘制一条水平线，此为腰线。正常来讲，在此头长底部的直线就是腰线，但是为了体现女性人体的修长和优美，所以需要提高腰线的位置。腰线的宽度为一个头宽，或者稍微再宽一些（可以在一个头宽的基础上左右延长 1~2mm），以中心线平分，并连接两边的节点和肩线的两个肩点。在连接的过程中，线条并不是以直线连接两个点的，从上往下，先向偏垂直（不是完全垂直）的方向往下画，到第 2 个头长的底部线条时再倾斜往里收，最后连到腰线的两个节点上，形成整个上半身的胸腔。之所以这么连接，是因为此部分的人体结构含有肋骨，使整个胸腔具有体积感，但是肋骨到腰部就没有了，所以外轮廓就要往里收一些。健康女性两个乳房的位置（排除胸下垂的问题），基本就在第 3 个头长的顶端位置附近，不会偏离过多。

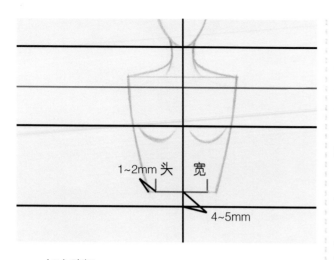

（5）胯部

在第 4 个头长位置，因为腰线的提高，所以和胸腔一样，从此头长的底部往上延伸 4~5mm 并确定一个点，过此点绘制一条水平线，此为"臀线"，也就是胯部的底部边线。臀线的宽度为两个头宽（以中心线平分），也可视为与肩同宽。连接两边的节点和腰线（上胸腔底部）两边的节点，最后形成胯部的体积感，这样人体的上梯形结构（胸腔 + 腰部）和下梯形结构（腰部 + 胯部）就完成了。

在绘制结构图时，还需要绘制泳装线。在胯部的两边画出人体的泳装线（以中心线对称），泳装线的起始点不固定，一般为胯部两侧边线的中间位置或者稍微靠下的位置。裆部留出空间（女性的裆部位置在臀线上，宽度适中），连接在胯部两个侧面找到的起始点和裆部的两个节点（可以称作"大腿内侧起始点"），绘制时要略带弧度，泳装线绘制完成。

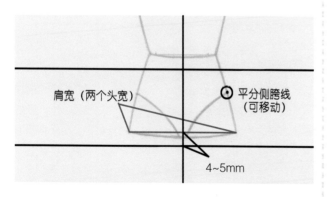

（6）腿部

在画腿部时，需要找到两个关节——膝关节和踝关节，这两个关节构成了整个腿部的支架结构，同时根据人体肌肉的形态，绘制内外侧线条的弧度，但是不要刻画太多的肌肉，使整个女性人体的腿部线条优美、自然。

膝关节：梯形身躯的结构绘制完成后，我们需要找到人体的四肢部位，首先可以先将腿和脚画出来。在第 6 个

头长的底部横线上，分别以中心线对称找到两个膝关节的位置并以圆形来表示，且圆形与底部线条相切。膝关节的大小要适中，也要根据所绘制的模特腿部的胖瘦来决定。如果过大，会间接使腿部看起来粗壮且别扭；如果过小，会使大腿和小腿造成视觉上的断层，即"莲藕腿"。此处的膝关节可以左右随意移动，因为关节是可以活动的。往外，大腿又得越开，往里，大腿收得越紧。

踝关节：根据所绘制的两个膝关节的位置绘制垂线，在第 8 个头长的底部横线上，两边稍微再往中心线靠拢，画出踝关节的位置，靠拢是因为人体的整个腿部是有一定弧度的，双脚站立的时候或多或少都会往内收一些，不会像两根竹竿垂直于地面，这样画出来的腿部会更加自然。同样用圆形来表示，踝关节的位置和膝关节一样是可以移动的，相对膝关节的大小，踝关节要小一些。

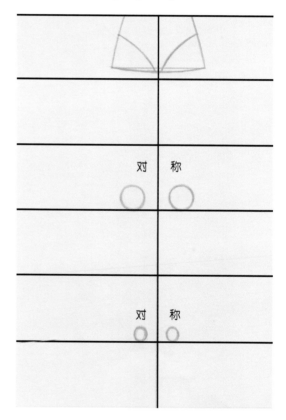

大腿与小腿：连接胯部和膝关节，外侧线为臀线两边节点到膝关节外侧，内侧为裆部两个节点到膝关节内侧。两条线都有一定的弧度，外侧的线条弧度从臀线两侧节点开始就向外扩，大约在第 5 个头长的中间位置就开始往里收。内侧的线条是从起始处就稍微往里收的。这里有一个要点，连接内侧腿部的线条时，到膝关节的位置是向膝关节靠近的，而不是直接与膝关节相切，线条与膝关节两侧都要留有一定的空间，因为皮肤是包裹着关节的，而不是直接和骨骼长在一起，但是外侧的线条则可以直接和膝关节相切。所以在画到膝关节的时候，需要注意这个问题。很多初学者总是

忽略这个问题，导致画出来的腿部特别接近"莲藕腿"，造成视觉上的断层。如果膝关节又画得特别小，那么整个腿部会变得更加不协调，并比例失衡。同时膝关节内侧需要着重刻画，将膝关节上包裹的皮肤轮廓画出来，线条凸出形成一个包，再往里收一些紧接着画出小腿的内侧线条。

大腿与膝关节的内外侧轮廓线画好后，就要绘制小腿部分，并一直连接到踝关节的两侧，同样线条都是有弧度的。小腿外侧的线条在第 7 个头长的部分往外扩，之后就逐渐在第 8 个头长的位置往里收，一直收到踝关节外侧并相切。小腿内侧线条也在第 7 个头长的部分往外扩，然后到第 8 个头长的部分往里收，一直收到第 8 个头长的中间位置，再往外扩，直到与踝关节内侧相切。整个腿部的线条外扩内收，膝关节和踝关节的大小及裆部的宽度处理，都与腿部的胖瘦有关，腿部的具体形态需要自己考量，或者根据所画模特的胖瘦来决定，正常写实的时装画风格，胖瘦都不会过于夸张，但还是需要根据特定画风来进行判断。例如，整个人体都是又长又细的压缩形态，那么腿部太细的问题就需要重新考虑了。

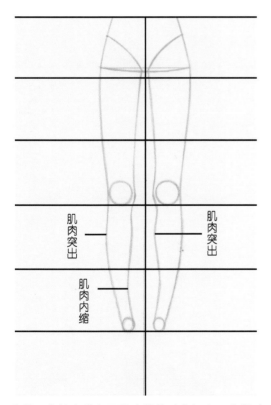

脚掌：女性脚掌和男性脚掌的形态都为一个梯形，区别在于长度。女性的脚掌可以稍微画长一些，基本靠近第 9 个头长的底部。但这只是笼统上的画法，脚掌长度和穿的鞋的鞋跟长度有关（正面视角），鞋跟越长，那么从正面看，脚掌露出的长度就越长，视觉上也就越长，脚掌的宽度越窄，反之亦然。所以，比较靠近第 9 个头长的底部的情况为模

特穿了鞋跟较高的高跟鞋。在正常的情况下，脚掌长度是到第 9 个头长的中间部分，如果是穿着平底鞋或者运动鞋之类的，脚掌就会画得更短更宽。

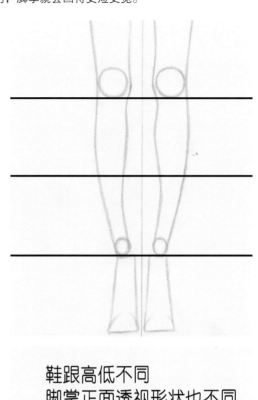

鞋跟高低不同
脚掌正面透视形状也不同

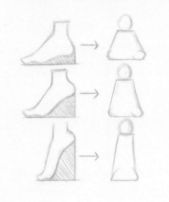

（7）手

首先需要确定两个关节——肘关节和腕关节，这两个关节构成了整个手臂的结构，都是可移动的，它们分别决定了上臂和下臂的长度。整个手的长度及具体的手臂长度，需要自己考量或者根据所画模特的比例来确定。

手臂：首先找到肘关节的位置，其一般在腰部附近，肘关节和腕关节相同都用圆形表示。肘关节可以与第 3 个头长的底线相切，也可以穿过这条线，这部分都靠近腰线的位置。如果双手自然下垂放在身体两侧，肘关节尽量不要距离腰部太远。如果手臂抬起或者有其他明显的动态姿势，就需

要根据其动态来确定。腕关节一般在臀线附近，可以画在第5个头长的顶部附近。因为手部本身也有一定的弧度，所以自然垂下时，腕关节相对肘关节的位置要往外延伸一些，也可以理解为肘关节在腰部附近，腰部是往里收的。所以，肘关节相对也要靠内，腕关节在臀部附近，臀部是两侧向外扩的形态，腕关节或多或少也要往外延伸一些，然后连接上臂和下臂的内外侧轮廓线。这里有两个比较重要的知识点，其一，肩膀和上臂的连接处并不是直接连接肩点和肘关节的，在肩点的位置可以根据人体骨骼结构找到，因为锁骨的位置和形状以及肱骨关节的关系，皮肤又是包裹着骨骼的，所以该处的结构轮廓要往外凸。连接肩膀和上臂的时候，起始点需要往外延伸一些（道理和膝关节内侧的线条轮廓类似，可以在此处多画一个圆形关节点，代表锁骨末端和肱骨上端的交接点），再往下画出上臂外侧的线条；其二，因为肘关节和肱骨关节有肌肉的关系，下臂内外侧的线条首先需要往外扩一些（道理和小腿的内外侧线条轮廓类似），内侧外扩的位置要比外侧外扩的位置高，然后都直接往里收，直到腕关节，线条和圆形关节都是相切关系。腕关节的位置一般在臀部附近，可以画在第5个头长的顶部。

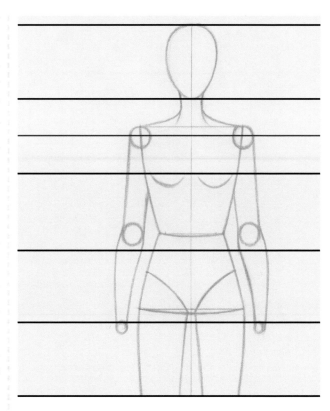

手掌：手掌的形态可以大致归为一个梯形和三角形的混合形状。手掌的大小适中，长度大概为一个头长（或者稍微短一些，很少会超过第5个头长的底部），双手自然下垂的时候，其所处的位置基本是在大腿中部或者中上部附近。到此，女性人体站姿绘制完成。

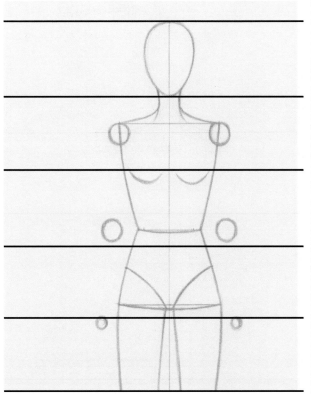

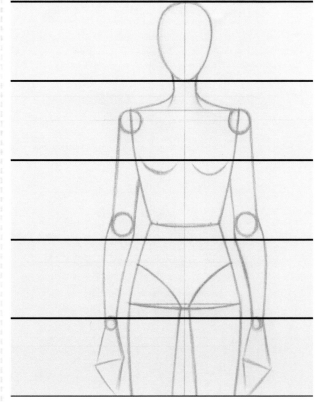

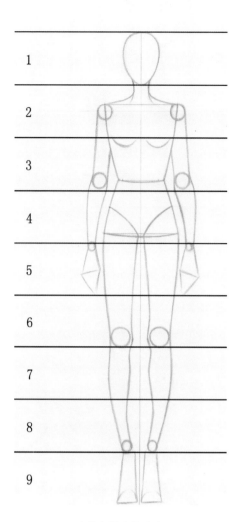

完整女性人体站姿

在男性人体的画法中，就像前文提到的那些男性和女性人体特征上的差异，男性在肌肉的刻画上要比女性明显，线条也会更加有力，不会有过多的平滑曲线。但是在某些部分的画法上，男性和女性人体的画法是相同的，如人体长度和关节的位置等。下面只讲述男性人体与女性人体绘制上的不同之处。

（1）脖颈

男性的脖颈比女性要粗，差不多是从下颌骨两边向下画的。

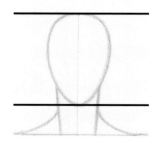

（2）肩宽

男性的肩膀要加宽，肩线延长，整体宽度大概是两个头宽再左右各加1~2mm。其实男性人体的肩膀宽度采用两个头宽也是可以的，不会有太大的影响，具体宽度还是要自己考量或者根据所画模特的宽度来确定。

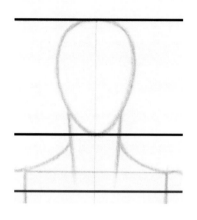

（3）腰线

男性的腰线不需要提高，即在第3个头长的底线上，宽度要比女性的宽度（一个头宽加上两个耳朵，以中心线平分）再宽一些。同时男性的胸部较为平坦，肌肉较多，同样是在第3个头长的顶线附近，男性较少出现胸下垂的情况，线条为直线。

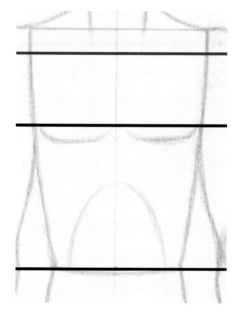

（4）臀线

因为男性的腰线不需要提高，所以臀线在第4个头长的底线上，要比肩宽窄一些，但还要比腰线宽，需要根据所画的肩宽和腰线宽来确定，尽量处于两者的中间位置。泳装线的起始位置不变，但是结束时需要把男性裆部的体积感表现出来，稍微超过臀线向下画，以表现体积感。

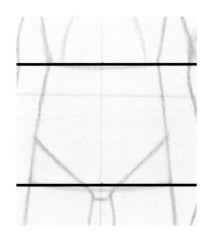

（5）大腿内外侧肌肉

男性人体的大腿外侧线条和女性人体的线条有所不同，因为女性的大腿外侧线条起笔处就从臀线的两个节点往外扩，然后在第5个头长的中间部分开始往里收，但是男性人体不同，其外扩位置还要靠下。画法就是从臀线两侧节点往下延长，逐渐在第5个头长的中间部分往外扩，然后往里收，这样画的原因是男性的肌肉（股外肌）在此处要比女性发达，在视觉上要比女性凸出一些。在内侧的线条也要表现股内肌的形态，先从大腿内侧起始点（男性人体的裆部线要比女性的往下，也更凸出）往下画，先内收一些，然后马上往外扩，在第6个头长的顶部位置就开始往里收，直到膝关节处，画出其体积感（凸出）。

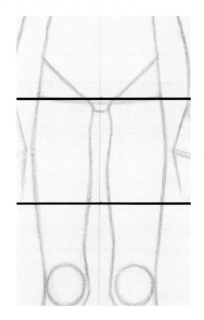

（6）小腿内侧肌肉

男性人体的小腿肌肉也相比女性发达，主要表现于小腿内侧的肌肉（腓肠肌）。在绘制内侧肌肉时，内侧的外扩度要比外侧的外扩度向下延伸一些，形成一个斜向的对比效果。

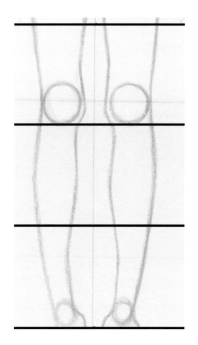

（7）脚掌

为了体现男性人体的特征，脚掌的形态会往外扩一些，脚掌要比女性的更短、更宽，因为男性较少穿高跟鞋（非女性穿的高跟鞋，而是跟比较高的皮鞋），基本上是以穿平底鞋为主，个别跟高的皮鞋需要另外判断。

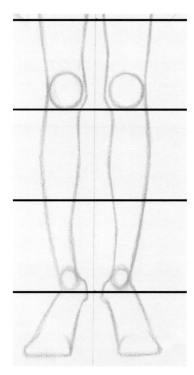

（8）手臂

肘关节和腕关节的位置基本和女性相同（站姿，手臂自然下垂的状态），但是要大一些，手臂要比女性粗一些，在手臂线条上也有所区别，肌肉的刻画要更明显，上臂外侧的线条会出现两个凸出的部分，第一个为肩膀处的三角肌和向下的肱二头肌，这两个凸出的线条需要刻画出来，但是不要过于夸张，稍作表示即可。同时，下臂的两个外侧凸出也要像女性人体一样刻画出来。

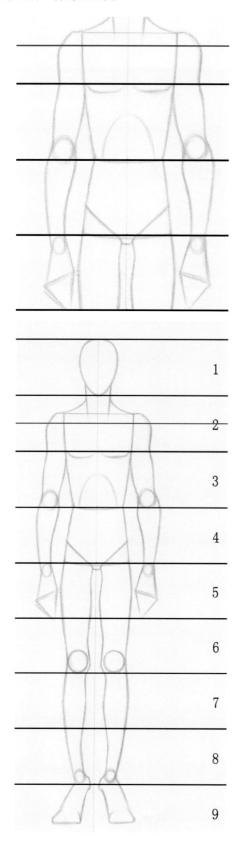

完整男性人体站姿

在掌握了站姿画法的基础上，绘制走姿需要关注更多的动态和细节，分清胸腔和胯部两个梯形的摆动方式，还要了解中心线和重心线。在人体动态走姿中，中心线和重心线是两大关键要素，而且不再重合为一条直线。重心线关系着一个人体的动态平衡，始终垂直于地面；中心线则关系着一个人体的倾斜与比例，二者缺一不可。

1. 中心线与重心线的关系

在区分重心线和中心线的关系时，很多人总是把重心线和中心线的定义搞混，导致最后画出来的人体或多或少都会重心不稳而倒向一边，身子歪斜或者动态失调。所以，掌握这个基础的知识点是学画人体的必经之路。

首先来说重心线，顾名思义，是指通过重心点所引出的垂直线，是分析人物运动的重要依据和辅助线，一般该线与地面垂直，是重力指向地心的线。重心线会经过锁骨窝，但是结束的重心点，会由于人体动态不同而有所改变。从正面看，双脚垂直站立，重心线和中心线重合，过锁骨窝，重心垂直朝向地心。在正面走动的情况下，重心线也会过锁骨窝，重心在支撑体重的那只脚上。但是无论画什么姿势的人体动态，首先需要确定的，就是重心线垂直于地面。

再来说说中心线。"中心"字面解释为与四周距离相等的位置，是用于表示中心的线条。在人体中，中心线是从头到脚，将人体从中间一分为二的线条，也可以称作"动态线"。中心线同样经过锁骨窝，从正面看，双脚垂直站立，中心线和重心线重合，但是如果人物开始移动或者有所动作，那么中心线就会跟着人体一起进行移动，不再和重心线重合。重心线用于保证人体不会倒下，中心线或动态线可以让画面中的人体动态不僵硬，呈现自然、舒服的效果。

2. 胸腔与胯部的动态关系

当人体走动或者一侧腿部开始施力的时候，胸腔和胯部（上梯形和下梯形）会形成一个空间对比关系，两者之间的摆动方向是相反的，把握好这个原则，我们可以根据施力的那一条腿来判断两者的方向，此时还需要根据重心线和中心线来进行综合判定。

下文提到的"左"和"右"，分别为画面中的左和右，不是现实中的左和右。

3. 动态关系的判定

在人物走动时，重心线垂直向下，在重心线上分成9头身的身长。当左腿发力，踩在地面上，右腿抬起腾空时，左腿的脚踝基本靠近重心线，或者就在重心线上（差不多在第8个头长的底部点上，因为是这条腿发力，重心就在这条腿上，是这条腿在支撑身体），所以导致整个腿部将下梯形的左侧抬高（地面的反作用力，相当于用一根杆子将上面盘子的左侧顶了一下），所以下梯形左侧会抬高，右边向下。同理可以画出上梯形的方向为左侧低，右侧高，与下梯形相反。两个梯形之间的腰线分裂出空间，右侧的皮肤被拉伸，左侧的皮肤被挤压，空间呈现"＜"状，此动态可以称为"小于号动态"。

黑线为重心线；蓝线为中心线；红线为上下梯形；粉色圈为锁骨窝；绿色圈为重心所在的脚踝

　　当右腿发力，踩在地面上，左腿抬起腾空时，右腿的脚踝基本靠近重心线，或者就在重心线上，所以导致整个腿部将下梯形的右侧抬高，所以下梯形的右侧会抬高，左边向下。同理画出上梯形的方向为左侧高，右侧低，与下梯形相反。两个梯形之间的腰线分裂出空间，左侧的皮肤被拉伸，右侧的皮肤被挤压，空间呈现"＞"形状，此动态可以称为"大于号动态"。

黑线为重心线；蓝线为中性线；红线为上下梯形；粉色圈为锁骨窝；绿色圈为重心所在的脚踝

　　综上所述，当我们要绘制人物走姿的时候，上梯形和下梯形的关系可以从发力的腿进行判断，即踩在重心线上的那只脚。当然，有时也可以直接从模特走动的样子来判断，尤其是走动幅度比较大时，肩膀的倾斜和胯部的扭动就会很明显，但也经常会碰到一些轻微幅度的走姿，尤其是模特穿了可以完全遮挡身体的衣服，如长款的羽绒服、皮草等或设计夸张的服饰，又或者能完全遮住腿部的大裙摆仙女裙等，被完全遮挡的身体导致我们看不出其体态上的扭动，也有的是模特本身的自我控制，为了走姿优美、端庄而将幅度故意放小等情况。但是这些情况都是可以通过前脚的施力来判断整个动态以及上梯形和下梯形关系的。如果遇到完全遮住双腿的裙摆，我们也可以通过褶皱和露出的鞋尖来判断。

　　所以根据模特步幅的大小，在绘制上下梯形时要把握好彼此的倾斜和腰线的分离空间面积。幅度较大时，上下梯形分得越开，两侧开合的角度会变大；幅度较小时，上梯形的底边和下梯形的顶边接近重合，两侧开合的角度会跟着变小。

4. 上梯形和下梯形的画法

在绘制动态走姿的上下梯形时，我们不仅要先判断是"小于号动态"还是"大于号动态"，还要关注它们的形态，结构上要始终保持等腰正梯形的形状，以及肩线、腰线还有臀线与站姿的关系。在这里有一个知识点，在正面视觉上的动态，并且无明显侧面动态的情况下，中心线基本会和重心线重合并相交在锁骨窝（两根锁骨的中间）的位置。因为锁骨窝的位置是平分肩线的中间点，同时肩线可以根据站姿基本画法得出，在第2个头长的中间位置竖直往上延伸2~3mm处，所以此时就可以过这个点画出肩线，宽度为两个头宽。肩线是绘制上下梯形需要确定的第一条倾斜动态线，倾斜幅度根据模特动态来确定。

然后根据人体站姿的腰线位置可以得出，腰线是和肩线平行的。同时女性人体腰线要往上延伸4~5mm，男性人体不变（在第3个头长的底线上），于是过这个点，画出一条平行于肩线的直线，同肩线一样有左下右上的倾斜幅度，那么这条直线就是腰线的位置，而且可以看出这条腰线会和中心线交于一点，此时这个点就是腰线的中心点，平分两侧。所以，最后我们就可以确定腰线的具体宽度，腰线宽度为一个头宽，或者稍微宽一些（男性人体的腰线要比女性人体的腰线宽）。因为走姿的关系，此时腰线分裂出了上腰线和下腰线，上腰线为上梯形的底部，下腰线为下梯形的顶部，它们等长。连接两侧的线条，最后出来的上梯形就是走姿"小于号动态"的上梯形。

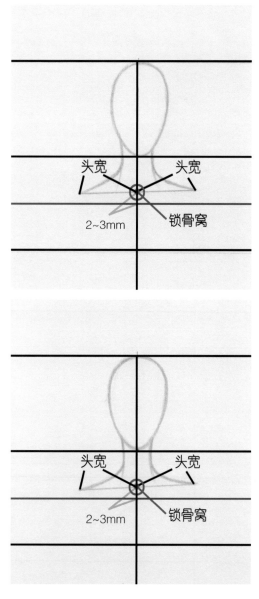

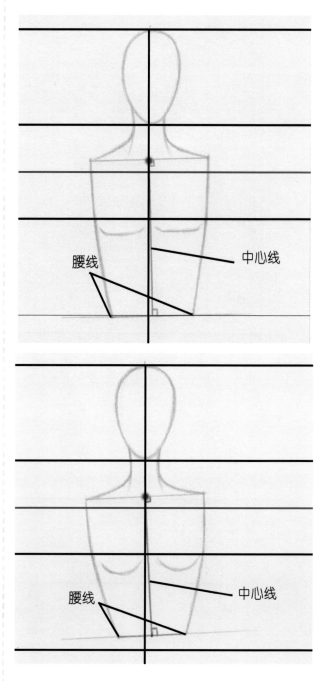

上梯形：以"小于号动态"为例，可以判定此时整个上梯形是左侧向下，右侧向上倾斜的，那么过锁骨窝的肩线也会左下右上倾斜。画出中心线，即过锁骨窝，垂直于肩线，

下梯形：同样以"小于号动态"为例，可以判定此时整个下梯形是左侧往上仰，右侧往下斜的。因为绘制上梯形时，腰线分成了两个等宽的上腰线和下腰线，所以这里就直接在下腰线上取中点（下腰线倾斜幅度根据人物动态来确定），过这个中点做一条垂线，即中心线，平分两侧。然后根据人物站姿可以得出臀线的位置，女性人体因为腰线要往上偏移4~5mm，所以臀线也跟着往上偏移，男性人体不变（在第4个头长的底线上）。过这个点绘制平行于下腰线的一条直线，那么这条直线就是臀线所在的位置，这条直线会和刚刚画的垂线相交于一点，那么这个点就是臀线的中心点，平分两侧，所以，最后就可以确定臀线的具体宽度。连接两侧的线条，最后绘制出来的就是走姿"小于号动态"的下梯形。

5. 手臂与腿部的动态关系

因为人体动态的关系，人走动的时候，手也会进行相应的摆动，不过也有双臂几乎不动的情况，这需要根据人物的动态来确定。

在走动状态下的腿部，一前一后摆放。当左腿朝前踏在地面的时候，右腿向上抬起离开地面，当右腿朝前踏在地面的时候，左腿向上抬起离开地面。此时，前脚的踝关节基本在重心线上，腿部轮廓形态基本和正面站姿的腿部画法相同，但是因为后脚抬起的原因，后脚的膝关节显得更为凸出。所以，后腿的膝关节要相比前腿的膝关节靠下，幅度越大，越往下偏移，幅度越小，越接近站姿的位置。同时小腿的长度因为透视的原因而缩短，此时小腿的胫前肌和腓肠肌也会明显表现出来，即内外侧的线条会更明显外扩。内侧的线条外扩相比外侧线条要更往下偏移，但是整体不会超过此时小腿长度的中间位置。后脚踝的位置需要根据人物的后脚形态来确定，越远离膝关节，正面视觉的后小腿越长，后脚抬起的幅度越小，内外侧的线条外扩越不明显；越靠近膝关节，正面视觉后小腿越短，后脚抬起的幅度越大，内外侧的线条外扩越明显。

因为前后脚的关系，一只脚踏在地上，另一只脚腾空（导致整个脚背基本显现），所以从正面看，前脚掌的长度肯定不会超过后脚掌的长度，同时前脚掌的长度和宽度也要根据所穿鞋的鞋跟高度来确定。

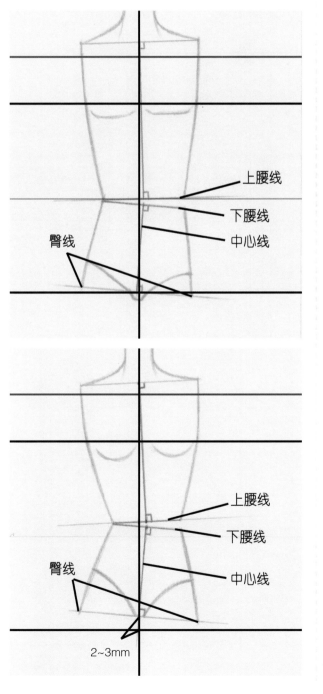

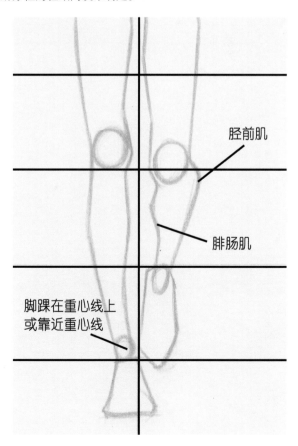

当左腿朝前踏在地面时，对应的左手向后摆动，正面视觉上的左手缩短，左手腕要比右手腕高；当右腿朝前踏在地面时，对应的右臂向后摆动，正面视觉上的右臂缩短，右手腕要比左手腕高。切记不要画成了"同手同脚"的情况。

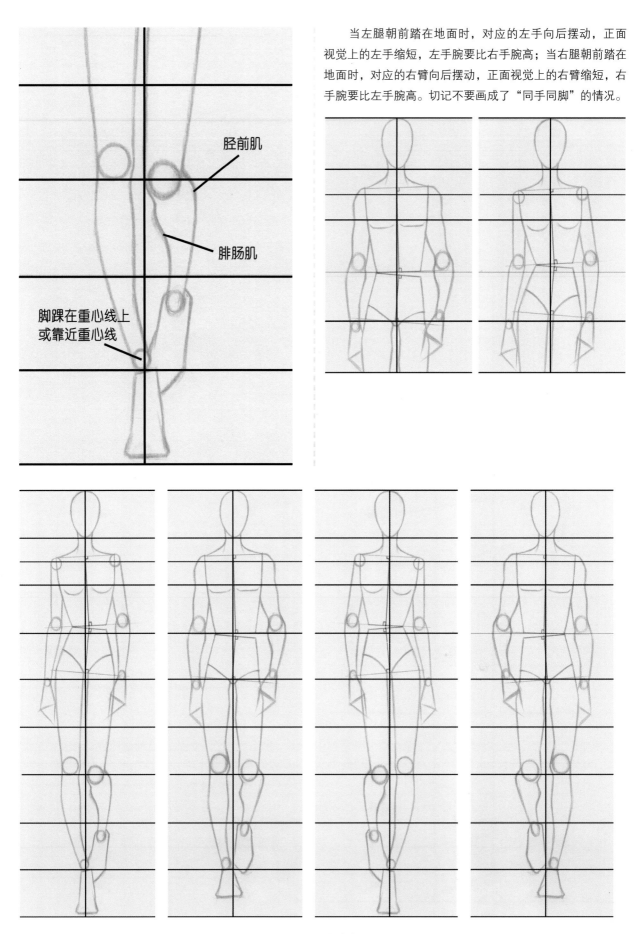

胫前肌

腓肠肌

脚踝在重心线上或靠近重心线

大于号动态和小于号动态走姿男女人体图

4.2 人体四肢结构研究

4.2.1 手部结构研究

手臂：在手臂的画法中，男女人体的比例类似，主要的区别在于肌肉。在绘制女性的手臂时，肌肉不需要表现得太过明显，大部分都以优美、流畅的曲线来表现，如果实在想画出肌肉，可以在三角肌上稍作修饰，肱二头肌略微凸出即可。在刻画男性手臂时，三角肌和肱二头肌相对明显，同时手臂的粗壮程度要强于女性手臂。

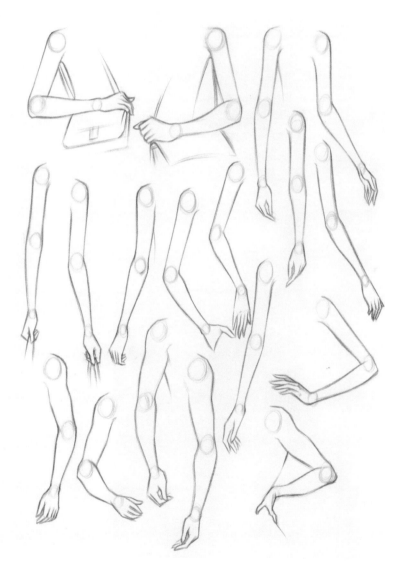

手掌：要掌握手掌的画法，就要了解构成整个手掌的元素，分别为手背、手指和手心（手心在一般情况下较少露出），如果再细分，还需要找到虎口和指关节的位置。

首先，要确定手掌的长度，测量的方法为腕关节到手指的最低指尖的距离（最低的指尖位置要根据不同的情况来划分，可能是食指，也可能是中指或者其他手指），并画出手掌的两个几何形态——梯形和三角形。梯形其实就是手背的形状，三角形可以看作手指的形状，注意，这两部分的长度是基本相等的。

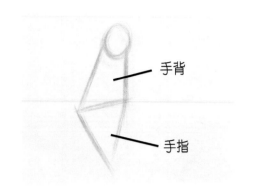

手背

手指

的，尤其是两侧的指掌关节和虎口，因为这两部分决定了手掌的宽度和大拇指的粗细，所以在刻画细节的时候要边画边思考彼此的距离、长度、宽度等，还要根据所画的人物手掌形态来综合判断，只有这样才能使最终画出来的手掌形态自然、生动。

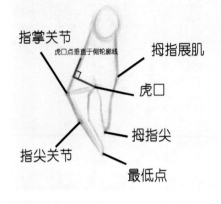

指掌关节

虎口点垂直于侧轮廓线

拇指展肌

虎口

拇指尖

指尖关节

最低点

绘制时从手腕的外侧开始，找到手背和手指之间区分的关节点，也就是梯形和三角形的分界点，这里称为"指掌关节"，然后确定手指关节点的大致位置，这里称为"指间关节"（因个人绘画风格的原因，在绝大多数情况下指间关节只分成两节）。连接这几个点和手掌的最低点，再找到大拇指的指尖位置、外侧虎口的位置、拇指展肌的位置，但要根据实际情况判断是拇指展肌，还是大拇指与手背之间的指掌关节。

内侧虎口的位置一般在手背靠近手指的 1/4 处的垂线上，该处离手背的距离需要根据手掌的方向和角度来判断。以侧面的角度为例，节点离外侧轮廓线越近，说明手掌的角度越接近侧面，离得越远说明手背越接近正面。最后再找到手腕的内侧点并连接起来，此时整个手掌的大致轮廓就确定出来了。

在找这些关键点位的时候，记得下笔要轻，因为这都只是大致的位置，后续很可能需要修改。下面刻画出手指的全部细节，在刻画的过程中，这些节点都是可以移动、修改

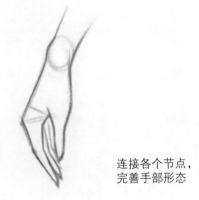

连接各个节点，
完善手部形态

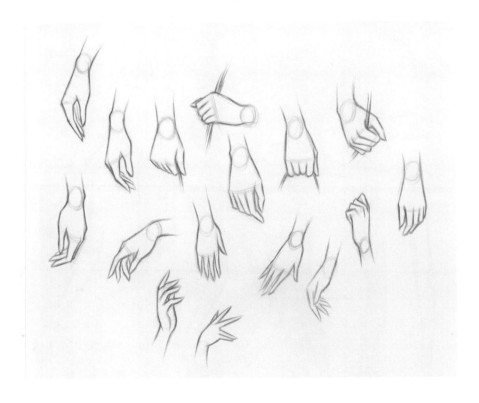

4.2.2　腿部结构研究

在画腿部的时候，9头身中的男女人体腿长比例类似，唯一的区别就在于男性腿部的肌肉要比女性发达，同时线条要具有一定的张力，不能有过多平滑的曲线，最终的效果会让男性的人体特征更加硬朗。同时，膝关节的位置要着重表现，整个膝关节的大小要适中，不要画得过大或过小。

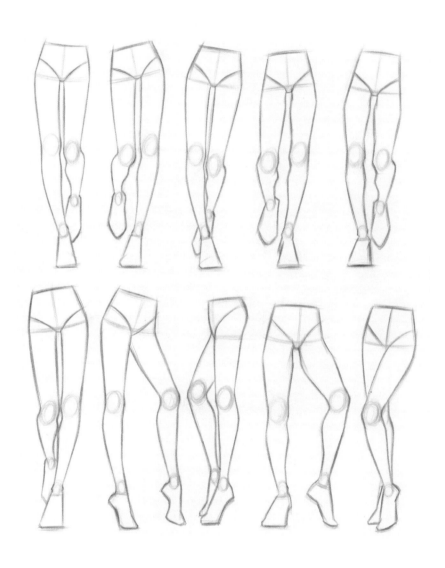

4.3　头部与五官结构分析及绘制方法

在构成一幅完整的时装画的几大要素中，无疑服装和模特是最重要的，一个好的模特能够轻松驾驭服装，使穿在身上的服装变得更加生动与灵活，更具生命力。从一个犀利的眼神，到性感的嘴唇、高挺的鼻梁，再到完美的脸型，或者有极强感染力的一次回眸，配上"高级"的动作与姿势等，无不展现一个模特的素质与气场。那么，在画时装画时要如何画头部，如何才能更好地展现模特的神韵，甚至是当时模特内心的想法，就成了十分重要的基础技能。同时，在为人体起型时，头长及范围已经大致定好（一个椭圆形），那么如何在这个椭圆形的范围内规划好五官的位置，它们的比例又是怎样的，以及最终的脸型轮廓如何确定，都需要逐一考量。

4.3.1 五官基础分析与起稿

1. 眼部

眼部分为两部分——眉毛和眼睛。眼睛常被人们称作"心灵的窗户"，所以画好眼睛是画五官的重中之重。在画眼睛之前要了解眼睛的结构与比例，许多初学者在画眼睛的时候，因为没有掌握好眼睛的结构和比例，所以画出来的眼睛总是不够有神，总会出现偏大、偏小（具体大小要依据模特的真实情况确定）、倾斜、眼角和眼尾高度失衡等问题。所以在画眼睛之前，需要对所画的眼睛进行分析，例如眼尾和眼角的高度是在同一条直线上，还是眼尾高，眼角低，包括下眼睑的扩张程度，是靠近眼尾，还是眼头等。

确定结构后，就要对其进行细分，从上到下依次为眉毛、眼窝（眼睛与眉毛之间的凹陷处）、眼皮（根据模特判断是双眼皮还是单眼皮）、上眼睑、上睫毛、眼头眼尾、瞳孔、下眼睑、下睫毛、卧蚕，甚至包括泪沟和黑眼圈。

下面以范例的形式详述绘制的过程。范例中所有起型的工具均为橙色自动铅笔和 0.3mm 黑色自动铅笔。

Step 01 在椭圆形的面部范围内找到垂直的中心线，并在中心线上取中点的位置，使用橙色自动铅笔绘制一条垂直于中心线的水平线。根据模特自身的眼睛大小来判定所画的眼睛是大一些，还是小一些，并确定眼睛的长度。眼尾和眼角（确定眼睛长度的两个重要节点）基本上就是在这条水平线上或者其附近，一般不会偏离太多。将两只眼睛的框架在这条水平线上先大致画出来，眼睛的位置以中心线两边对称。如果头部是有一些倾斜的，那么中心线也应该是倾斜的，此时两只眼睛也要倾斜。

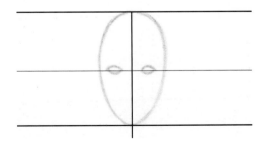

Step 02 画出双眼皮的位置和形状。双眼皮的形状也分为很多种，有一些是"欧式大双"，基本和上眼睑平行，还有一些是中间窄两边宽，或者眼尾多一些，眼头少一些呈

扇形的，但是双眼皮再怎么宽也不会超出整个眼睛的开合长度，有一些初学者总是不经意间将双眼皮的宽度画得和眼睛一样大，最终的效果会过于夸张、比例失衡。所以，在画双眼皮的时候，要注意整体要靠近上眼睑。

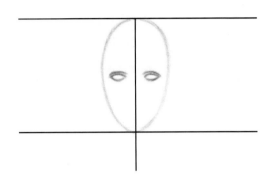

Step 03 画出眉毛，不同的眉形需要根据不同的模特妆容来确定，笔触要顺着毛发的生长方向下笔，不要画得过于粗糙，一般眉尾要稍微高于眉头，特殊妆容除外。同时，整个眉毛和双眼皮一样，也要靠近眼睛，不要离眼睛太远。如果是欧美模特，因为其眉骨高，会使整个眼窝更加深邃。

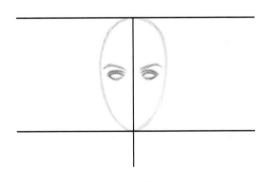

Step 04 用 0.3mm 黑色自动铅笔将整个眼部重新刻画，并画出瞳孔的位置，正常人的眼睛的张合度是不会将瞳孔完全暴露出来的，所以在画瞳孔形状的时候，切记不要在眼睛上画一个整圆形，要画半圆形，因为上半部分会有所遮挡，然后轻轻地上一层灰色。

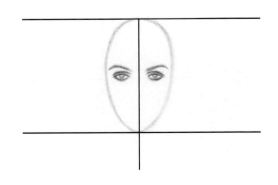

不同的眼睛

2. 鼻部

鼻子是面部的重要器官，其高矮、长短、大小都可以决定一个人的气质。许多初学者在画鼻子时，总是忽略鼻子的体积感，经常性地只画鼻孔和鼻底，并没有照顾到周围的明暗关系，只是单纯地为了画鼻子而画鼻子，此处需要通过表现明暗关系将鼻子的立体感表现出来。整个鼻子包含鼻梁、鼻头、鼻翼、鼻小柱和鼻孔，抓住这几处的体积关系，就可以将鼻子的效果呈现出来，具体的绘制步骤如下。

Step 01 眼睛是在整个椭圆形范围的中间，那么从此往下到椭圆形底部，即下巴的位置，再次找到它们之间的中间点，此点或者稍微再往上偏移一些的点，就是鼻底的位置。

Step 03 画出鼻子两侧的明暗关系，从眼窝出发，用曲线往下画，随即稍微向两颊处延伸，把鼻梁的体积感表现出来，并留出高光的区域。找到鼻头处的明暗交界线，把鼻头的体积感也表现出来，这样画出来的鼻头会具有通透感，且更加自然。

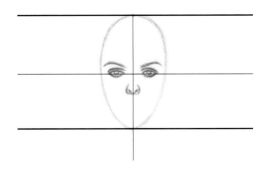

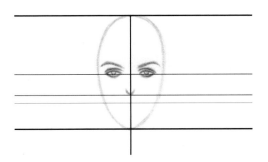

Step 02 使用橙色自动铅笔画出鼻翼的位置，两条鼻翼弧线是包裹鼻孔的，而不是连接到鼻孔上的，而且鼻翼是有厚度和体积感的，通过鼻翼的体积感来更好地凸显鼻孔的位置。

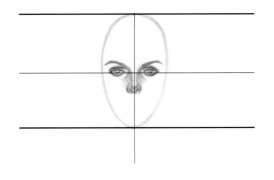

Step 04 用 0.3mm 黑色自动铅笔重新刻画整个鼻头，主要刻画鼻底、鼻孔和鼻翼的弧线，最终鼻部的刻画就完成了。

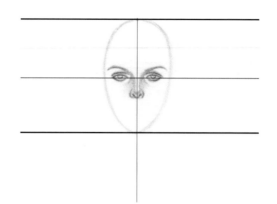

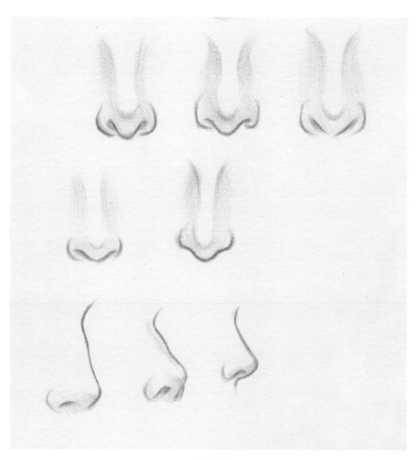

不同的鼻部

3 嘴部

嘴部是由上唇、下唇、嘴角及唇裂线构成的，上唇和下唇还包括唇珠。上唇的唇珠在中间，下唇的唇珠则是两侧各一个，3个唇珠构成了嘴唇的体积感，在下唇底部和下巴之间还会构成一个暗部。在画嘴唇时，主要刻画唇裂线和嘴角的形状，即可将整个嘴部完美地表现出来，具体的绘制步骤如下。

Step 01 通过鼻底在椭圆形范围内，可以得出鼻底的位置，那么将鼻底的位置往下到椭圆形底部（下巴底）的位置三等分，唇裂线就在第一个 1/3 处（从上到下），或者更接近鼻部。我们要知道，在确定唇裂线的时候，当嘴离鼻子越远，那么表现的模特气质会越成熟，年龄会显得越大。所以，在画嘴巴的时候，记得要根据模特的长相来画，此处轻轻地用一条直线标记出其位置即可。

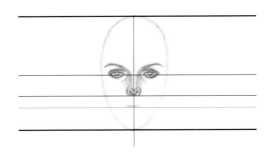

Step
02

找到唇裂线的位置后，将其形状画出来，并将两个嘴角也画出来，那么两个嘴角之间的距离就是嘴的长度。嘴角的位置需要通过对模特的观察来确定，一般嘴角的垂线，不会超过瞳孔圆形的内侧。

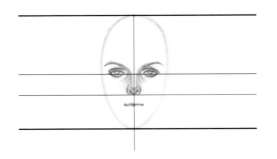

Step
03

画出上下唇的形状，一般上唇的轮廓不会太明显，下唇的轮廓在中间位置要深一些。

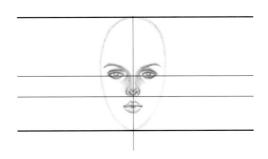

Step
04

用 0.3mm 黑色自动铅笔重新刻画整个唇部，完成整个嘴部的绘制。

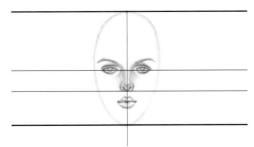

不同的嘴部

4 脸型

在刻画完五官后，就需要在这个椭圆形范围内，将脸型刻画出来，一般不会偏离椭圆形范围太远。绘制时要控制好脸的大小，女性的脸稍窄一些，男性的脸稍方一些，且棱角分明。但是为使模特变得更加精致，整体脸型都不能过大或者过窄。在绘制脸型时要注意以下几个结构，颧骨、下颌骨、太阳穴、下巴。许多初学者画到下颌骨的位置总是画得不对称，使脸一边大一边小，这个问题一定要注意。具体的绘制步骤如下。

Step 01 先确定太阳穴的位置，然后直接画出颧骨的位置，太阳穴在眼部的斜上方，颧骨的位置一般就在眼部斜下方的位置，略微凸起。

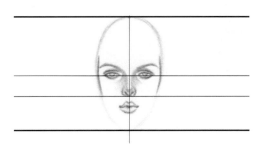

Step 02 从颧骨往下画，找到下颌骨的位置，下颌骨一般在嘴部的两侧或略高于它，较少会低于嘴部，虽略微凸起，但不要超过颧骨。

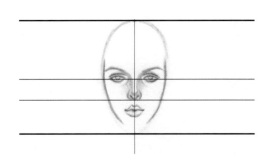

Step 03 下颌骨两边往下收，找到下巴的位置。下巴记得不要画成尖的，无论模特的脸型再瘦再尖，下巴处也一定要画圆润，如果是男性可以稍微方一些。然后轻轻扫出两边的明暗关系，画出脖子，将肩膀略微刻画出来。

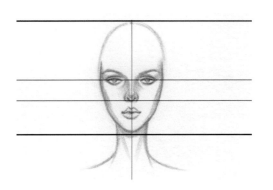

Step 04 用 0.3mm 黑色自动铅笔重新刻画整个脸型，脸型的绘制完成。

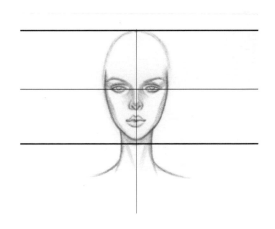

5. 耳朵

在时装画中，往往绘制的都是正面的角度，此时的耳朵不会露出太多，一般呈现扁平的状态。如果遇到侧面的角度，那么耳朵无疑会成为人物头部重要的组成部分。耳朵的结构其实并不复杂，在绘画过程中也没有必要把其中的每一个结构都画出来，或多或少会采用省略的虚实关系来表现。耳朵主要包括耳轮、对耳轮、耳垂、耳屏等，具体的绘制步骤如下。

Step 01 画出耳朵的外轮廓，一般起始点在上眼皮上方的位置，结束点在鼻底的位置，轮廓线要遵循耳朵的结构来画，而不是直接画成一个半圆形。

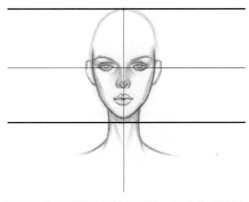

Step 02 画出耳轮，耳轮弧线较为圆滑，与外轮廓平行，以表现相应的宽度。

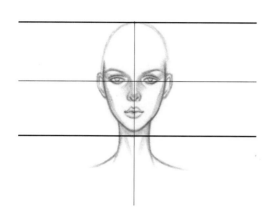

Step 03 画出耳屏板和对耳轮上的三角窝,阴影关系一定要轻扫出来。

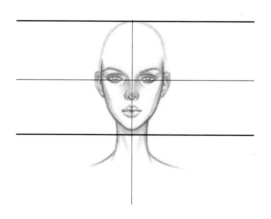

Step 04 用0.3mm黑色自动铅笔重新刻画整个耳部,耳朵绘制完成。

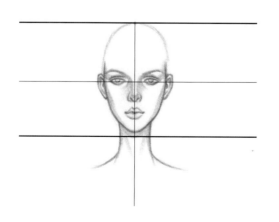

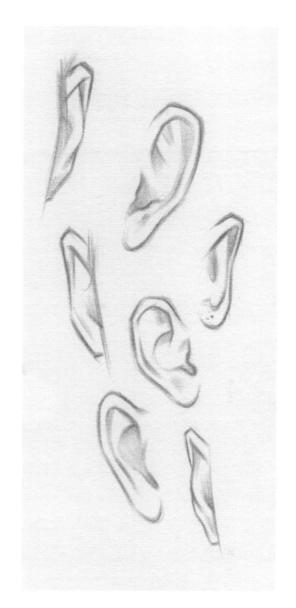

不同的耳朵

6 发型

不同的发型代表着设计师的想法,搭配不同的妆容,模特的气质得以显现。许多初学者在画头发时总是无从下手,遇到头发蓬松的或者卷发造型明显的会画乱结构,最后变成"一堆杂草"。其实无论是什么发型,我们都可以从两个方向去归纳,一个是发丝的走向,另一个是明暗关系。发型的质感表达在一定程度上还需要画者对线条拥有掌控力,如果线条粗糙、不流畅,那么发型的质感也会遭到破坏。具体的绘制步骤如下。

Step 01 以长直发为例,用0.5mm或0.3mm的黑色自动铅笔,先在面部上方确定发际线的位置。注意,发际线在椭圆形范围内,如果将椭圆形的顶部当作发际线,那么画出来的头部会比例失调、头大身小。找到发际线后,再画出发缝的位置。

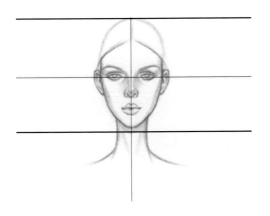

Step
03 继续从耳后往下画，画到肩膀处，可以在肩膀上画几笔，使发型更自然。

Step
02 从发缝两边下来，沿着头皮，将垂坠的发丝质感通过线条表现出来。表现质感的同时区分明暗，暗部线条多而深，亮部留白或者浅浅地带几笔，整体线条流畅，而且线条的末端都为尖的（逐渐过渡）。

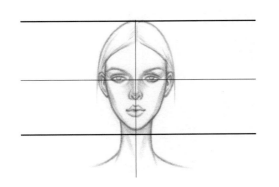

Step
04 用铅笔将整体明暗分区出来，使发丝更加明显，后期还会上色。

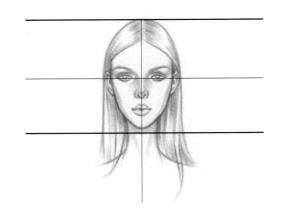

不同的头部初稿

4.3.2　头部的上色演练

经过前期的头部起稿，大体的五官结构和发型都刻画出来了，那么如何上色，怎样用水彩上色，都是这部分的重头戏。将平面的线稿转化成富有立体感的头部画像，颜色的运用至关重要。

Step 01　使用华虹 368 水彩笔 2 号，先用肤色均匀地将皮肤平涂一层，肤色根据模特的实际情况来定，是深色还是浅色。浅肤色（以白人为例），水分多一些，颜料少一些，但水是放到调色盘里的，画到纸上之前记得要沥去一部分水，否则水太多不好控制，而且会破坏画面。上完第一层肤色，等待水分干透才能进行下一步。

Step 02　将发型的颜色平涂满，一般以棕色居多。我们以棕色为例，这里要注意的是，无论是多深的棕色，它总会有亮部和暗部之分，在画这一步的时候，记得先调出浅棕色（棕色颜料少，水多）并平涂一层，待干透后再继续画。

Step 03　这一步是刻画面部立体感的关键，使用肤色 + 少许棕色 + 少许红色（或桃红色）调出皮肤的暗部色，但是这个颜色在这一步中也是偏浅的，切记不要一下子调得太深，否则直接往上画会过于突兀，不容易轻扫晕染，所以水分还要稍许多一些。使用柯林斯基 116 水彩笔 2 号或者 3 号，在鼻子两侧以及鼻头的阴影处薄薄地加一层清水，不要多，否则会晕染过度。顺着橙色阴影把暗部颜色画上去，此时会

看到颜色自然扩散并晕染。将水彩笔沥至半湿，轻轻扫匀，让颜色过渡开，在鼻底处也轻扫出一些亮部，保留鼻头的明暗交界线。

Step 04　采用同样的方法，将面部两侧的阴影也画出来，等晕染后再轻扫过渡，在发际线、下唇底、下眼睑（可不晕染）处也可以加一些阴影。

Step 05　在面部下方画出脖子上的阴影，先是用一层薄清水打底，然后画出胸锁乳突肌的结构，以及脖子两侧的暗部，晕染再扫开。然后用红色 + 少许肤色 + 微量棕色调出唇色，平涂上下唇，完成后马上吸干笔头，用干笔头吸取嘴唇的部分红色，使下唇比上唇浅，可以表现嘴唇的光感。

Step 06　将发型完善，无论是头发的暗部还是亮部，都用顺着发丝的笔触去刻画，由线到面，不断加深，并找到头发的几个块面并加以区分。

鼻底、唇中线及脸型，最终完成绘制。

Step
07
用 0.03mm 黑色针管笔描绘眼线并点出瞳仁。用棕色
针管笔（或者直接用水彩笔）勾勒出眉毛、双眼皮、

Chapter 05

不同面料的水彩表现技法

牛仔面料又称为"单宁"，是一种较粗厚的色织经面斜纹棉布，经纱颜色深，一般为靛蓝色，纬纱颜色浅。牛仔面料本来只有蓝色的，最初用作帆布，现在已有多种不同的颜色，可用来制作不同的服饰。牛仔面料具体的绘制步骤如下。

Step 01 绘制好线稿，绘制时要注意线条的流畅度，并把握好线条的粗细。牛仔面料服装款式的形态和结构要绘制准确，此步可以用 0.5mm 或者 0.3mm 的黑色自动铅笔绘制。

Step 02 起稿。先调出需要刻画的牛仔面料的颜色，一般为蓝色，深浅适度。该蓝色需要以浅色为主，所以在画第一遍时不要调得太深。先在画稿上铺一层薄清水，然后将调和的颜色平铺一层，用该色将相应的区域铺满。

Step 03 趁画面水分未干，立刻蘸取调制的蓝色，绘制衣服的暗部，并加以晕染。此步以大块面的暗部为主，一些细小的暗部褶皱暂不用去管它。暗部添加的蓝色可以是原本调制的蓝色，因为不加水只加颜料，颜色会深一些，也可以稍微加一

些暗色系的颜料，调和成深蓝色后再去晕染。绘制完成后，等待画面干透。

Step
04
调和更深一些的蓝色（该色可以根据实际情况，酌情在原色基础上添加颜料或者调制新的颜色，后文不再赘述），将衣服上比较明显的褶皱画出来。在绘制的过程中，若遇到某些褶皱含有明显的过渡，就需要在此处铺一些清水，上色后让其自然晕染。完成后，画出牛仔服上特有的结构线，包括结构线之间的凸起部分和碎褶皱等，使其质感更加明显。

Step
05
最后用调和的暗部颜色加以修饰，将服装的体积感表现得更明显。如果服装上有纽扣，用水彩笔蘸取高光墨水或者使用高光笔点画，并用深色在纽扣边缘进行强调，这样牛仔面料的质感就出来了。

皮草是指利用动物皮毛制成的服装，具有保暖的作用，现在的皮草都较为美观且价格昂贵，但是经过时代的演变以及环保意识的增强，目前大多数品牌都采用人造皮革进行成衣制作。皮草的具体绘制步骤如下。

Step 01 绘制好线稿，绘制时要注意线条的流畅度，并把握好线条的粗细。皮草的形态和结构要绘制准确，此步骤可以用0.5mm或者0.3mm的黑色自动铅笔绘制。

Step 02 起稿。首先调出需要刻画的皮草颜色，然后铺一层薄清水，在纸张湿润之际，将颜色铺满。这里要注意，不同的皮草刻画的步骤不同，如下面左侧两幅图，打湿后先用比较接近其浅色的颜色来铺底，但是下面右侧两幅图的绘制方法却不同，要先用比较接近其深色的颜色来铺底。其中的规律是，亮色皮草或者较浅色的皮草用浅色铺底，黑色或者较深色的皮草用深色铺底。同时，在开始绘制时，所铺的清水要稍微超出皮草的区域，这样绘制的颜色在皮草边缘也能稍微晕染，可以让毛绒感充分体现来。

Step
03
趁画面的水分未干，在此基础上立即绘制暗部颜色，并使其晕染。如果是多种颜色混合的皮草，那么就要分别绘制每种颜色所在的区域并一起晕染，也就是在调制颜色的过程中，需要先将所有的颜色调出来再往上画，而不是画完一种颜色再去调另一种颜色，否则你会发现当要上第二种颜色的时候，前一种颜色的区域已经干了，严重影响后续的晕染。

Step
04
画出最深的部分，同时用流畅的短线把皮草的质感表现出来，记得要顺着皮毛的方向去运笔，无论是比较直的毛还是略微卷曲的毛，都要通过线条的形状来表现清楚。这一步十分考验画者对线条走向的把控能力，因为毛流感的方向直接影响最终皮草的品质。

Step
05
用高光墨水混合所画皮草的浅色（亮部色），水分和颜色要控制好。例如本例中的黑色皮草，可以调和高光墨水和黑色，因为黑色加白色会变灰，而且高光墨水具有一定的覆盖性，这样调出来的灰色会有一定的厚度，可以覆盖其他颜色。但可能有人会问，灰色不是可以用黑色加水淡化得到吗？没错，但是因为这一步要做的是叠加和覆盖，所以就要用有厚度感、可以遮盖其他颜色的灰色，如果是用加了清水的黑色调和的灰色，画上去后你会发现颜色无法显现。调完灰色后，再用流畅的笔触将皮草的线条画出来，注意，这里线条感十分重要。将剩余的最亮的皮草部分刻画出来，使毛皮的质感更加逼真，最终完成皮草的绘制。

5.3 蕾丝面料绘制技法

　　18 世纪，欧洲宫廷和贵族男性的服装，在袖口、领襟和袜沿处曾大量使用蕾丝面料，其网眼结构最早是使用钩针手工编织的，欧美人在女装特别是晚礼服和婚纱上使用较多，如今，在全世界都在广泛使用。在绘制蕾丝面料前，需要看是深色蕾丝还是浅色蕾丝，并分析蕾丝面料下是人体的皮肤还是其他衣物，还需要考虑蕾丝面料是单独存在的，还是附着在其他面料上的。具体的绘制步骤如下。

Step 01　绘制好线稿，绘制时要注意线条的流畅度，并把握好线条的粗细。蕾丝面料服装款式的形态和结构要绘制准确，此步骤可以用 0.5mm 或者 0.3mm 的黑色自动铅笔绘制。

Step 02　起稿。确定好蕾丝面料的大致范围，先将其底色画出来，这里可能是另一层面料，也可能是人体的皮肤。除此之外，还要判断是什么颜色的蕾丝，是浅色蕾丝，还是深色蕾丝。同时，蕾丝面料往往会伴随着薄纱一同出现，而且还会在薄纱的基础上进行刺绣加工，所以薄纱面料还分薄纱面料和非薄纱面料。

首先判断蕾丝面料底下是其他面料还是人体皮肤，如果是面料就用该面料的深色打底。如果是人体皮肤或者薄纱面料，此底色就直接用深肤色进行铺色。

  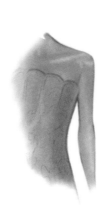 

Step
03
如果蕾丝面料上还有一层薄纱面料，那么就需要把薄纱的颜色以及具体形状画出来。若明暗关系强烈，还要将其明暗关系晕染出来，画后待纸面干透，再去刻画蕾丝的细节，绘制时分两种情况——浅色蕾丝和深色蕾丝，具体的绘制方法如下。

浅色蕾丝：待底色水分干透，将蕾丝画出来，此时蕾丝的颜色就需要高光墨水的帮助。例如白色蕾丝，就直接用高光白墨水来画，选用较细的勾线笔来勾勒，遇到花纹较为繁复时，需要细心刻画。注意，这里的绘制还只是打底，所以并不能直接用最白的高光色绘制。

深色蕾丝：待底色水分干透，将蕾丝画出来，此时蕾丝的颜色就直接用蕾丝本身的颜色绘制。例如黑色蕾丝，就直接用黑色来画，选用较细的勾线笔来勾勒，遇到花纹较为繁复时，需要细心刻画。

Step
04
将蕾丝表面最亮或者最暗的颜色表现出来，如果是浅色蕾丝还要丰富一下周边区域的深色，以此来凸显浅色蕾丝的纹样。若蕾丝表面还有其他装饰物，如水钻、钉珠等，就要判断这些装饰物的颜色和形状，是需要通过调和有覆盖力的颜色来绘制，还是直接上色就可以完成。最终完成蕾丝面料的绘制。

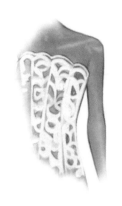

5.4 印花面料绘制技法

印花工艺作为当今服装行业最普遍、最广为人知的工艺，在服装业起着非常重要的作用，它也分成许多种类型的印花，如丝网印花、数码印花、人工染色等。同时在设计领域，印花工艺也是最直接、最能表达灵感主题的方式。因印花种类繁多，这里只对一个范例进行讲述，具体的绘制步骤如下。

Step 01　起稿阶段，绘制服装的整体轮廓，因为从下图中可以看出，服装的底色为白色，在白色的基础上进行了印花，所以需要将白底色的明暗关系稍加表达。

Step 02　找到具备晕染关系的几个大色块，本例可以通过晕染表现的色块为蓝色、黄色、红色，以及少量的黑色和橙色，但黑色部分是在前几种颜色晕染的基础上再去晕染的，所以可以先晕染好前面那些彩色部分，再晕染黑色。在水分半干的情况下，将剩下的有清晰线条感的黑线印花也表现出来。

Step 03　在前两步的基础上丰富细节，以叠加的形式把剩余的内容表达出来，可以少量混入高光墨水进行绘制，本例绘制完毕。如果碰到其他类型的印花图案时，要考虑好绘制的顺序，切忌盲目操作，一定要多加思考。

纱质面料也是使用较为广泛的面料之一，其轻薄、透气、柔软、穿着舒适。中国古人会穿着用薄纱制成的十分轻薄的衣服，在文学作品中也有相应的记载。那么在时装画中，如何画出这种透明、轻薄的质感，是画纱质面料成败的关键。在画纱质面料的过程中，还要看清是直接接触皮肤的，还是套在衣服上的，但无论是哪一种形式，都需要先将其质感画出来，再往身上"穿"。

Step
01
绘制好线稿，绘制时要注意线条的流畅度，并把握好线条的粗细。纱质面料服装款式的形态和结构要绘制准确，此步骤可以用 0.5mm 或者 0.3mm 的黑色自动铅笔绘制。

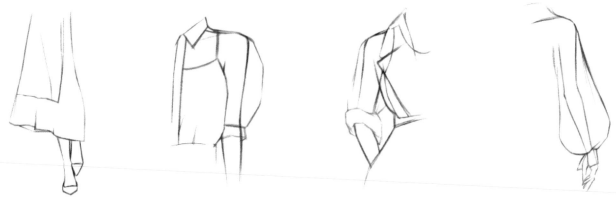

Step
02
起稿，判断薄纱底部是面料还是皮肤，不同的穿着方式，有不同的绘制方法，具体的绘制步骤如下。

底部为服装：先将底部服装的面料画出来，具体颜色根据实际情况来判断，若有明暗褶皱，也需要先交代清楚。

底部为皮肤：先将肤色画出来，具体肤色根据所画模特的肤色来调整，并将皮肤的明暗关系表现出来，此部分的肤色可以比未遮挡的肤色稍深。

如果薄纱为白色或者颜色特别浅，可以在周边的部分先晕染一层深色或者黑色的背景，以便后续能够突出薄纱的体积感。在底层的颜色全部刻画完成后，待其干透。

Step 03 在薄纱所在的区域薄薄地铺一层清水，并将调制好的薄纱颜色铺上，覆盖刚刚绘制的底色，但整体不要过深。注意，这里有一个很重要的知识点，就是如果所画薄纱为白纱，那么需要判断它的透明度，如果是能比较明显遮盖底层颜色的白纱，此时为了凸显它的遮盖性，可以用白色再适量加少许高光墨水调和，让白色具有一定的遮盖力，但是切记水分要多一些，毕竟最后还要展现其透明的质感。如果颜色调和得太厚，往上画会直接覆盖底层的颜色，薄纱的质感就无法充分体现了。

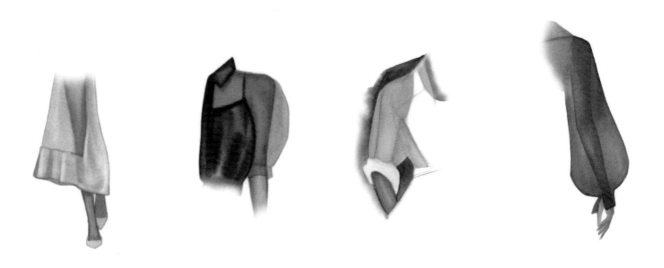

Step 04 趁水分未干，蘸取深色，将薄纱表面的褶皱或者有大面积明暗关系的暗部绘制出来并加以晕染，待水分干透。相反，如果是白纱，反而要去修饰亮部，用更厚的白色（混合高光墨水）将其表现出来。

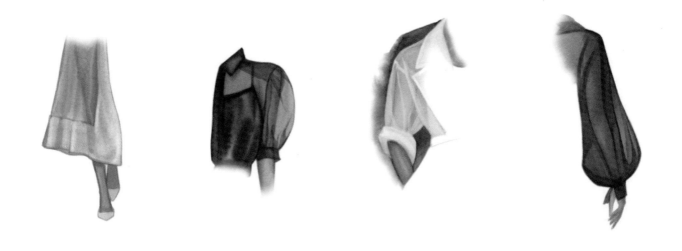

Step 05 刻画薄纱上的明显褶皱。若含有装饰图案，其颜色比薄纱深的，可以直接调出图案颜色加以刻画；若是比薄纱颜色浅或者有钉珠、水钻等装饰的，可以混合高光墨水等进行最后的刻画；若无任何装饰物或者图案，那么此步骤可以省略。

5.6 镭射面料绘制技法

如今，镭射面料的使用也较为普遍，它的明暗关系对比强烈，明暗边界较多，镜面的质感抢眼，表面平滑，金铜色和银灰色居多，抗拉强度大，不透气，不透水，密封性能好，科技感十足。镭射面料的具体绘制步骤如下。

Step 01 绘制好线稿，绘制时要注意线条的流畅度，并把握好线条的粗细。镭射面料服装款式的形态和结构要绘制准确，此步骤可以用 0.5mm 或者 0.3mm 的黑色自动铅笔绘制。

Step 02 起稿时需要养成分区思维的习惯，根据白→灰→黑、从大到小、从浅到深的顺序，将要绘制的服装分区。此时不要被镭射面料表面的各种反光和褶皱所迷惑，因该面料的特性，黑白灰关系直接分成了非常明显的三部分。"白"的区域基本都是特别亮的高光；"灰"的区域可以分三层，从最浅的"灰"开始下手；"黑"的区域最后画。那么，遇到第一层

最浅的"灰"的区域，就想象它展平之后的颜色，并将该颜色调出来。遇到需要晕染的区域，可以在此处铺一层薄清水，再进行晕染，但是因为其面料的特性，需要晕染的地方其实不会太多。在绘制的过程中要将"白"（高光）的区域留出来，然后待其干透。

Step 03 找到镭射面料的第二层——"浅底色"，也就是相比原底色还要再深一个层次的底色，直接根据形状画出来，基本上不需要晕染。

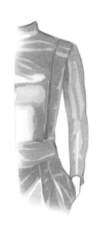

Step 04 找到第三层"灰"，颜色上更深一些，依旧是将其形状画出，此时经过三层底色的绘制，镭射面料的质感基本就体现来了。

Step 05 把最深的底色，也就是将所谓的“黑”的区域画出来，这一层基本不会画太多，都是一些细节的处理。最后用高光墨水把一些“白”的高光再次完善即可，镭射面料绘制完成。

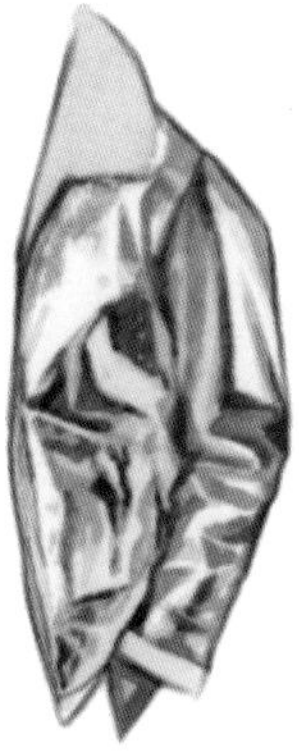

5.7 格纹面料绘制技法

格纹图案是服装设计中使用最多的图案之一，格纹的形式千变万化，承载它的面料也可以分出多种类型。格纹的发展有上百年的历史，最早可以追溯到古代的几何纹。我们在绘制格纹面料时，单一的格纹是比较好刻画的，但如果遇到多种格纹交错的面料，就要先考虑这些格纹的画法，哪一些格纹是需要通过覆盖的方式绘制的，哪一些是可以直接添加的，还有哪些格纹之间要留出空隙，以便添加另一种格纹等。因格纹图案的种类繁多，这里只用一个范例进行讲解，具体的绘制方法如下。

Step 01 绘制好线稿，绘制时要注意线条的流畅度，并把握好线条的粗细。格纹服装款式的形态和结构要绘制准确，此步骤可以用 0.5mm 或者 0.3mm 的黑色自动铅笔绘制。

Step 02 起稿，将此格纹面料的底色铺出来，在铺完底色的同时，晕染出明暗关系，增加其立体感。

Step 03 在底色的基础上用自动铅笔把每一个色块的格纹表现出来，因为红色格纹的边缘较虚，所以红色格纹的线条可以省略，只将白色和黑色的格纹区域表现出来即可。

Step 04 黑色格纹区域直接用黑色绘制，但要注意黑色的透明度不要画得太死板，需要保留一定的透明度。白色区域用白色高光墨水蘸清水调出比较通透的白色来画。这一步要注意，先画白色再画黑色，因为从图中的格纹交叉区域可以看出黑色是叠加在白色区域上的，显得比较灰，而不是从

头到尾都是黑色。同时画出交叉方形中最亮的方格纹。

Step 05 将红色条纹刻画出来，同时把每一种颜色的格纹之间的穿插重色表现出来，并把最深的黑色交叉方格纹刻画出来，那么此格纹面料就绘制完成了。如果碰到其他类型的格纹面料，要分清步骤顺序，切忌盲目绘制，一定要多加思考。

5.8 羽绒面料绘制技法

作为冬季的主要保暖衣物，羽绒服当之无愧。羽绒一般根据原料可分为鹅绒和鸭绒，根据颜色分为白绒和灰绒，当然除此之外，还有冰岛绒鸭产的黑绒等，这些羽绒最后被绗缝进外层的面料中，外层的面料一般选用经纬纱高密的丝绸、棉布、棉涤，甚至是皮革等，经轧压处理，使经纬纱之间的空隙缩小，再涂以高分子浆料，使其与织物形成透明皮膜覆盖层，以封闭织物经纬的间隙，在涂层浆料内加入氟磷树脂或有机硅类防水剂，使织物具有防漏绒、防渗水的性能。羽绒面料的

绘制步骤如下。

Step
01 绘制好线稿，绘制时要注意线条的流畅度，并把握好线条的粗细。羽绒服的形态和结构要绘制准确，此步骤可以用 0.5mm 或者 0.3mm 的黑色自动铅笔绘制。

Step
02 将所画羽绒服的颜色调出来，先从浅色开始，用清水薄薄铺一层后再往上画，将颜色铺满。

Step
03 趁水分未干，立即用深色在绗缝的每一处加深，使羽绒服整体的体积感有明显的分区，画后待其干透。

Step 04 继续加深颜色，将暗部的细节色块刻画出来，部分区域需要重新铺清水进行晕染。

Step 05 可以用笔蘸高光墨水后，再蘸取所画羽绒服的颜色，绘制羽绒服的亮部细节。如果亮部为白色，可以直接用白色高光墨水刻画，也可以用霹雳马品牌的白色彩铅绘制，到此羽绒面料绘制完毕。

5.9 皮革面料绘制技法

　　皮革是经脱毛和鞣制等物理、化学加工处理所得到的已经变性不易腐烂的动物皮革，它在服装领域往往伴随着皮草一起出现。目前，因为人们环保意识的提升，以及动物保护组织的倡导，越来越多的品牌选择用人造革来代替传统的动物皮革。皮革分为很多种，也有不同的表面纹路，如果表面比较光滑，在灯光下会形成较明显的明暗关系，且对比强烈，所以在绘制方法上接近反光面料的画法，具体的绘制步骤如下。

Step 01 绘制好线稿，绘制时要注意线条的流畅度，并把握好线条的粗细。皮革面料服装款式的形态和结构要绘制准确，此步骤可以用 0.5mm 或者 0.3mm 的黑色自动铅笔绘制。

Step
02 在画纸上涂一层薄清水，调出所画皮革的颜色并进行铺色。趁水分未干画出暗部，找到暗部的大致范围，加入深色并进行晕染。为了体现亮部的具体形状，必要时可以把亮部的大致区域和形状"洗"出来，让其清晰可见。绘制完成后等待水分干透。

Step
03 采用叠加的方式进一步加深暗部，褶皱的走向要表达清楚。

用高光墨水混合皮革颜色刻画亮部，若亮部为白色，就直接用高光墨水或者霹雳马品牌的白色彩铅，对亮部进行刻画并完善，皮革面料绘制完毕。

5.10 丝绒面料绘制技法

丝绒是割绒丝织物的统称，其表面有绒毛，大多由专门的被割断的经丝制成，由于其绒毛整齐，故呈现丝绒所特有的光泽。丝绒面料手感丝滑，有韧性，做衣服显档次，虽然偶尔会有掉毛现象，但清洗后又能恢复柔软、亲肤的特质，与人体有极好的生物相容性，加之其表面光滑，对人体的摩擦刺激系数仅次于丝绸。丝绒面料的具体绘制步骤如下。

Step
01 绘制好线稿，绘制时要注意线条的流畅度，并把握好线条的粗细。丝绒面料服装款式的形态和结构要绘制准确，此步骤可以用 0.5mm 或者 0.3mm 的黑色自动铅笔绘制。

Step
02 调出所画丝绒面料的颜色，但无论是深色的丝绒还是浅色的丝绒，都用比较浅的亮色来铺色。上一层薄清水，画上此亮色并晕染，采用此方法铺满整个丝绒面料区域。

Step
03
趁水分还没干，用深色画出丝绒表面的暗部，因为丝绒只要一遇光就会特别亮，未受光面会特别暗，可以两者之间的颜色区分明显又柔和，画到暗部的时候颜色可以稍微深一些，但同时又要保证它和亮色之间的自然过渡。注意，画的过程中要留出亮部，丝绒的亮部一般多在侧面。

Step
04
不断加深暗部，可以重复 Step 02 的操作，同时刻画出丝绒上的一些明显褶皱。若有装饰图案，且比丝绒颜色深，可以直接调出图案的颜色加以刻画；若是比丝绒颜色浅或者有钉珠、水钻一类的装饰，可以混合高光墨水进行最后的刻画。丝绒面料的绘制完成。

针织面料是利用织针将纱线弯曲成圈并相互串套而形成的织物，针织面料广泛应用于面料、里料，以及家纺等产品中，受到广大消费者的喜爱。在服装设计领域，针织服装的种类和款式多种多样，例如不同颜色拼接的针织衫，其不同结构处的罗纹，或者因为不同的针法，所展现的纹样结构与肌理千变万化。在绘制针织面料的过程中，纹样结构和肌理都是刻画的重点，具体的绘制步骤如下。

Step 01 绘制好线稿，绘制时要注意线条的流畅度，并把握好线条的粗细。针织面料服装款式的形态和结构要绘制准确，此步骤可以用 0.5mm 或者 0.3mm 的黑色自动铅笔绘制。

Step 02 在起稿时，将不同的针织面料服装分成两种类型进行绘制，具体的绘制方法如下。

白色针织面料：将所要刻画的针织纹样和肌理大致标出位置，线稿的线条可以画轻一些。在衣服暗部铺一层清水，并用少许黑色加水调出浅灰色，在暗部晕染。

非白色针织面料：将所要刻画的针织纹样、肌理大致标出位置，线稿的线条可以画轻一些。调出此针织面料的颜色，无论是浅色还是深色，都先从此颜色的浅色开始绘制，所以先铺一层清水，再进行铺色。铺色完成后，趁水分未十找到暗部的区域，将暗部晕染出来。

Step 03 白色针织面料用铅笔或者黑色彩铅，将所有纹样和肌理仔细刻画出来，用笔还是要轻一些；非白色针织面料用其深色画出纹样和肌理，虽然是深色，但也不要过深，否则会使面料的质感僵硬，用稍微深一些的暗色来刻画即可。

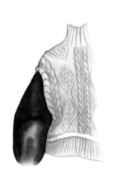   

Step 04 绘制白色针织面料时，部分纹样和肌理需要再次加深、完善，继续用铅笔或者彩铅凸显其体积感；绘制非白色针织面料时，部分纹样和肌理需要再次加深完善，继续用深色凸显其体积感，此时的颜色可以比上一步的用色深一些。到此针织面料绘制完成。

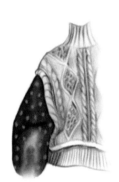   

5.12 绸缎面料绘制技法

　　绸缎面料表面光滑、亮丽、柔软，多用于制作礼服或者西装。绸缎面料手感细腻，有飘逸感，穿着透气性强，不感闷热。在中国古代宫廷，绸缎被选为上等面料，有着高贵、优雅、端庄的赞誉。绸缎面料的具体绘制步骤如下。

Step 01 绘制好线稿，绘制时要注意线条的流畅度，并把握好线条的粗细。绸缎面料服装款式的形态和结构要绘制准确，此步骤可以用 0.5mm 或者 0.3mm 的黑色自动铅笔绘制。

Step 02 起稿，铺一层清水，调出此绸缎面料的颜色。从浅色开始，铺满整个面料区域，若亮部为白色，则需要留出来。趁水分未干，找到暗部的区域，并大致晕染。

Step 03 待水干透后，再铺一层清水，视情况继续加深暗部。

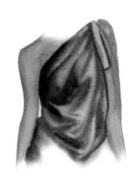

Step 04 刻画出绸缎上的明显褶皱，若有装饰图案，比绸缎颜色深的，可以直接调出图案颜色加以刻画。若是比绸缎颜色浅或者是有钉珠、水钻一类装饰的，可以混合高光墨水进行最后的刻画，最终完成绸缎面料服装的绘制。

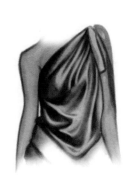

案例 1

Step
01

确定人物走姿动态，判断上下梯形之间的角度和方向。用装有橙色铅芯的 0.5mm 自动铅笔将人体画出来，注意中心线和重心线的关系。

Step
02

将上色前的线稿完成，包括五官、发型、上下装等。若有箱包饰品，如手提包、挎包等，也需要一并画出来。最后记得将线稿的橙色笔迹擦干净。

Step
03

选用肉色加少许红色，平涂皮肤的区域，但要留出眼睛和嘴的区域，刻画时不要将其覆盖。同时判断牛仔外套的颜色倾向，平铺一层薄清水后，立即平涂调好的蓝色，并趁湿加入深一些的蓝色晕染出深色，大致确定明暗关系。

Step
04

调出裙子的颜色，同样把裙子的明显褶皱晕染出来。此时笔触的流畅感十分重要，完成后把内搭和衬衫也一并画出来。下面绘制头发，头发为黑色，可以用稍微浅一些的灰色打底。

Step
05

将腿部的颜色细化，刻画出膝盖的明暗关系，画出裙子在大腿上的投影。用稍微深一些的红棕色，将腿部和手部的轮廓勾画一遍，使其体积感更明显。最后画出提包的底色和转折处的细节。

Step
06

深入刻画五官和头发，在完成五官的基础上把墨镜加上，此时头部的细节就画完了。下面把裙子上的黑色花纹画出来，包和鞋子的细节也要刻画出来。可以用高光墨水或者高光笔画出白色的钉珠和绑带装饰。

Step
07

深入刻画牛仔外套上的结构，包括各种小褶皱、鼓包以及口袋、纽扣。必要时可以再上一层薄清水，逐渐加深一些暗部并晕染，让整件外套看起来更有层次感，浅蓝和深蓝之间的融合效果要自然、生动。到此本例绘制完成。

Step
01

确定人物走姿动态，判断上下梯形之间的角度和方向。用装有橙色铅芯的0.5mm自动铅笔将人体画出来，注意中心线和重心线的关系。

Step
02

用蓝色彩铅将牛仔服装的结构和轮廓大致勾勒出来。之所以用蓝色彩铅，是因为牛仔服装是蓝色的，如果用橙色彩铅画，容易和牛仔服装的蓝色产生灰度对比（它们是对比色）。所以为了防止在后面的上色过程中混到一起使画面变"灰"、变"脏"，最好将颜色区分开。最后把五官的位置确定出来。

Step
03

画出五官和头发的细节，并描绘出详细的服装线稿，为上色做好准备。

Step
04

选用肉色加少许红色，平涂皮肤的区域。待水分干透后，进一步深入描绘肤色，画出五官和腿部的立体感，此时也要将头发刻画出来。判断牛仔服装的颜色倾向，平铺一层薄清水后，立即将调好的蓝色平涂，并趁湿加入深一些的蓝色晕染出一些深色，大致确定明暗关系。

Step
05

画出五官和面部的
深色，进一步加强
立体感，服装的褶
皱及明暗关系也要
明确出来。这一步
可以直接用叠加的
方式画出褶皱，以
及服装上明显的牛
仔面料肌理。

Step
06

细化服装细节，包括毛边、纽
扣及装饰等。此时可以加一些
背景并晕染，会更好地体现人
物的立体感，质感也会更强。
到此本例绘制完成。

案例 1

Step
01

采用常规方法确定
人物走姿动态。细
致刻画五官和头
发，同时画出上下
装的线稿。这里要
注意，皮草的线稿
边缘需要用细小的
短线描绘，不要直
接用长直线画，否
则出来的效果会很
僵硬。

Step
02

调出肤色，平涂于面部，注意
留出眼睛和嘴巴的区域。判断
连身裤的颜色是比较冷的草绿
色，此时可以用浅绿色加一些
黑色和蓝色，以降低饱和度。
在平铺一层薄清水后，迅速平
涂，趁湿再加入深色，晕染出
绸缎的质感。

Step
03

平铺一层薄清水，用连身
裤的冷绿色平涂皮草的区
域，并趁水分未干加入一
些深色并晕染。记住一开
始平铺清水的时候要铺到
皮草区域的边缘，让颜色
能够晕染出去一些，形成
毛绒感。

Step
04

深入刻画连身裤的细
节，并把明显的暗部
形状晕染出来。将亮
部区域留出，使绸缎
的质感得以显现。

Step
05

加深皮草部分的颜色，顺便扩大皮草的面积，营造一种蓬松感，为后续的提亮步骤做准备。此时可以稍微晕染一下更深的颜色，增加服装的层次感，同时深入刻画五官和面部的细节。

Step
06

在上一步的基础上，用深色画出皮草的线条感，所有线条都要顺着皮毛的生长方向去画，每一根线条都要流畅，短而细，否则画面会显得很粗糙。这一步可以直接把皮草的质感表现出来。

Step
07

深入刻画每一个细节，同时用高光墨水调和深绿色，得到比较亮的灰绿色。重复上一步的操作，画出皮草的亮部，同样用富有线条感的笔触将其质感表现出来。到此本例绘制完成。

Step
01

采用常规方法确定人物
走姿动态。用橙色自动
铅笔或者橙色彩铅画出
五官的位置，面部的阴
影、鼻子的体积感也要
塑造出来。

Step
02

用黑色自动铅笔
画出五官的细
节，并勾勒出发
型。注意，自动
铅笔的铅芯不要
太粗，可以用
0.3mm 的 铅 芯
进行勾勒。

Step
03

画出所有线稿，包括服装
的廓形和结构，皮草的边
缘记得用短线条来初步表
现其质感。

Step
04

调出肤色，平涂于皮
肤的部分，记得要留
出眼睛和嘴巴的区
域。再调出黑色外套
及皮草的颜色。这一
步需要同时调出两
种颜色，可以先从左
到右平铺一层清水，
然后用黑色和皮草
的颜色互相晕染，这
样皮草的边缘才能
呈现毛绒感。

Step
05

晕染出皮草的暗部，加深黑色外套并留出高光部分，同时整体加深鞋子和提包的颜色。

Step
06

深入刻画五官，塑造面部的立体感，头发的体积感也要刻画出来。为裙子底部的水钻和钉珠打底，用深灰色以点画法画出水钻和钉珠的底部颜色。

Step
07

深入刻画所有细节，表现皮草的质感。可以用高光墨水为皮草的边缘画出根根分明的绒毛感，用高光笔画出裙子底部的高光和亮部，包括鞋子和提包上的白色装饰和亮部区域。到此本例绘制完成。

案例1

Step 01

确定人物走姿动态，判断上下梯形之间的角度和方向。用装有橙色铅芯的0.5mm自动铅笔将人体画出来，注意中心线和重心线的关系。

Step 02

用橙色自动铅笔大致画出服装的廓形和结构以及五官的位置。这一步不要将线条画得太重，以便后续擦除。

Step 03

完成线稿，包括五官的细节、发型轮廓、服装配饰的廓形和少许褶皱。

Step 04

调出肤色，并平涂于皮肤的区域，记得留出眼睛和嘴的区域。本例绘制的是白色蕾丝衬衫，所以需要用灰一些的颜色画出阴影和底色。裙子是一条连身蕾丝裙，但是此时不要着急画出蕾丝的纹样，需要先用浅灰色打底，为后续提亮做准备。这一步要把领带、腰带、提包以及鞋子都平涂上它们各自的颜色。

Step
05

深入刻画五官，包括面部的阴影等。加深裙子的暗部，可以用深一些的灰色继续加深，完善白色衬衫的细节，继续表现鞋子和腰带的质感。

Step
06

再一次加深裙子的底色，并用高光墨水把蕾丝的纹样全部刻画出来，此时需要一定的耐心和细心。此处的图案需要分区域画，有些区域的图案比较密集，有些区域的图案比较分散，镂空的大小也不同。画蕾丝一定要注意刻画蕾丝的图案，一旦刻画不仔细就容易使画面变得粗糙。最后刻画提包的细节，到此本例绘制完成。

案例 2

Step
01

采用常规方法确定人物走姿动态。用橙色自动铅芯或者橙色彩铅画出五官的位置，面部的阴影、鼻子的体积感也要塑造出来。

Step
02

用黑色自动铅笔画出五官的细节，并勾勒出发型。注意，自动铅笔的铅芯不要太粗，可以用0.3mm的铅芯进行勾勒。

Step
03

画出所有线稿，包括服装的廓形和结构，蕾丝部分可以先用直线条画出来。

Step
04

调出肤色，平涂于皮肤区域，再画出黑色皮革及蕾丝的底色。注意，蕾丝的部分需要在腿部的位置叠加一些深肤色，表现通透的质感。因为随后要往上加的蕾丝效果是镂空的，还可以看得到裙子内的腿。

Step
05

深入刻画五官的细
节，包括面部的阴
影及五官的体积感。
本例描绘的是一位
肤色较深的模特，
所以加深的时候不
要用太多浅色。发
型的刻画可以使用
彩铅，画出发际线
的毛流感。

Step
06

加深皮裙，留出亮部的
区域，并把所有的褶皱
都画出来。此时可以用
黑色彩铅画出一些明显
的褶皱。

Step
07

画出所有蕾丝的花纹，深入刻画所有细节，包
括项链、鞋子等。到此本例绘制完成。

案例 1

Step
01

确定人物走姿动态，判断上下梯形之间的角度和方向。用装有橙色铅芯的 0.5mm 自动铅笔将人体画出来，注意中心线和重心线的关系。

Step
02

完成线稿，包括服装上的图案。这件衣服的图案主要由字母印花和拼接色块组成，绘制时要考虑好图案弯折后的形状。

Step
03

调出肤色，平涂于皮肤的部分，并留出眼睛和嘴的区域。均匀平涂衣服的黑色部分，可以稍微表现明暗关系。用黑色平涂出裤子，并画出裤子的褶皱。

Step
04

画出衣服上的红色区域，并进一步加深裤子。

Step
05

画出衣服上的绿色区域，同时把系在腰间的鞋和米色腰带画出来。

Step
06

画出衣服上的蓝色区域，同时深入刻画头部，将五官的立体感表现出来，再画出鞋子的颜色和细节。

Step
07

在所有颜色都填满的基础上，用高光墨水画出所有细节，包括绿色区域的字母图案、蓝色区域的亮色边缘等。到此本例绘制完成。

Step
01

确定人物走姿动态，判断上下梯形之间的角度和方向。用装有橙色铅芯的 0.5mm 自动铅笔将人体画出来，注意中心线和重心线的关系。

Step
02

用橙色自动铅笔大致画出衣服的轮廓，并标记五官的位置。

Step
03

完成线稿，五官和头发的细节都要表现出来。本例绘制的模特穿着一件大风衣，整体线条流畅，可以多用直线绘制。

Step
04

调出肤色，平涂于面部，并稍微刻画出一些体积感，包括鼻子的阴影及嘴部的细节，头发的颜色也要画出来。衣服的颜色是偏棕色又偏米色的黄色，可以用棕色加一些土黄色再加大量的清水进行调和，调出的颜色会比较浅且轻薄。

Step
05

深入刻画五官及头发的细节，进一步加深服装的暗部。因为这件衣服的褶皱比较明显，所以可以直接用叠加的画法，将暗部的形状画出来。

Step
06

用黑色彩铅或者自动铅笔将衣服上的刺绣图案刻画出来，线条一定要流畅，有虚有实，营造一种素描的感觉。最后再用高光笔画出项链等带有高光的饰品。到此本例绘制完成。

案例 1

Step
01

确定人物走姿动态，判断上下梯形之间的角度和方向。用装有橙色铅芯的 0.5mm 自动铅笔将人体画出来，注意中心线和重心线的关系。

Step
02

用橙色自动铅笔大致画出衣服的轮廓，同时标记五官的位置。

Step
03

完成线稿，五官和头发的细节也要表现出来。本例模特穿着轻薄的长款纱裙，整体线条流畅，绘制时可以多用曲线，表现服装的轻盈感。

Step
04

调出肤色，平涂于全身。因为模特所穿服装为薄纱材质，能够透过服装看到部分身体，所以需要把腿部肤色提前画出来。最后刻画出头发的质感。

Step
05

画出五官的体积
感，包括面部的阴
影。调出裙子的颜
色，平铺一层清水
后迅速用大号水彩
笔均匀涂抹。

Step
06

加深发色，并完善
头部的细节，包括
发箍。晕染出裙子
的暗部，待水分干
透后，用棕色彩铅
画出一些明显的服
装褶皱。

Step
07

用深棕色画出所有深浅不一的钉珠和水钻的底色，最后用高
光墨水直接点涂高光部分。此处不是全部都画一遍，而是有
选择性地画。同时高光的颜色也有变化，有一些需要再调和
黄色画出金属色。最后完善所有细节，到此本例绘制完成。

Step
01

确定人物走姿动态，判断上下梯形之间的角度和方向。用装有橙色铅芯的 0.5mm 自动铅笔将人体画出来，注意中心线和重心线的关系。

Step
02

用橙色自动铅笔大致画出衣服的轮廓，同时标记五官的位置。

Step
03

完成线稿，五官和头发的细节也要表现出来。本例模特穿着长且轻薄的纱裙，整体线条流畅，绘制时可以多用曲线表现服装的轻盈感。

Step
04

调出肤色并刻画出五官，因为此模特长得比较有特点，所以尽量还原模特原本的五官长相。同时先把裙子底下的腿部肤色画出来，但是因为裙子的蓝色比较深，所以腿部的肤色不会显露得太明显。裙子的深蓝色是比较冷的，饱和度也比较低，所以需要加一些黑色调制，最后将帽子完整地画出来。

Step
05

使用深蓝色或者黑色彩铅，仔细刻画上衣的百褶结构，同时调出更深一些蓝色，画出裙子的褶皱和明暗关系。

Step
06

画出裙子上的刺绣图案和水钻，可以用黑色或者特别深的蓝色打底，再用高光墨水蘸取蓝色调出亮蓝色，画出部分比较亮的高光。最后完善细节，把背景的阴影画出来，体现画面的前后关系和层次感。到此本例绘制完成。

案例 1

Step
01

确定人物走姿动态，判断上下梯形之间的角度和方向。用装有橙色铅芯的0.5mm自动铅笔将人体画出来，注意中心线和重心线的关系。

Step
02

用橙色自动铅笔大致画出衣服的轮廓，同时标记五官的位置。

Step
03

完成线稿，五官和头发的细节也要表现出来。本例模特穿着质感比较硬的镭射面料外套，整体的线条感比较流畅，可以多用直线绘制，且需要有一定的力度。

Step
04

大致将五官和头发的体积感表现出来，同时调出外套和裤子的颜色。裤子需要先用一层最浅的米黄色打底，这样后续才会和深色产生比较大的色彩区分，同时很好地表现了面料的质感。

完善头部细节，包括面部阴影和五官的细节。画出上衣和裤子的暗部以及褶皱，同样可以直接用叠加的画法上色。注意，因为裤子面料比较硬，所以暗部的形状非常明显，要仔细找出暗部的形状，并用色块的方式表现出来。

进一步深入刻画头发的明暗面，将其体积感表现出来。进一步加深上衣和裤子的暗部，尤其是裤子，可以用最深的棕色直接往上叠加，这样就和最浅的米黄色拉开了距离，光感会比较强烈，可以很好地表现面料的质感和深浅关系。最后用高光墨水把胸前的项链画出来，再加入背景的阴影。到此本例绘制完成。

Step
01

确定人物走姿动态，判断上下梯形之间的角度和方向。用装有橙色铅芯的0.5mm自动铅笔将人体画出来，注意中心线和重心线的关系。

Step
02

用橙色自动铅笔大致画出衣服的轮廓，同时标记五官的位置。

Step
03

完成线稿，五官和头发的细节也要表现出来。本例模特穿着质感比较硬的镭射面料连衣裙，整体线条比较流畅，可以多用直线绘制，且需要有一定的力度。

Step
04

调出肤色，平涂于皮肤的区域，要留出嘴和眼睛的区域，并画出头发的颜色。调出衣服中最浅的米黄色，并进行平涂，再画出鞋子、袖子和包带的底色。

Step

05

完善头部细节，包括面部阴影和五官的细节。画出衣服介于最亮的米黄色和最深色之间的中间色（灰调），也就是比较深的米黄色，找到暗部的区域，直接将其画出。这里一定要注意这些褶皱的暗部走向，不要画得太乱，可以进行一定的简化，少即是多。

Step

06

继续加深头部的暗面，尤其是发色，再深入刻画衣服的暗面，把最深的褶皱都画出来，并与亮部形成鲜明的反差，体现面料的质感。最后把衣服中间的图案画出来，加入一些背景的阴影，拉开画面的前后关系，表现更多的层次感。到此本例绘制完成。

案例 1

Step 01

采用常规方法确定人物走姿动态。用橙色自动铅笔或者橙色彩铅画出五官的位置，包括面部的阴影，鼻子的体积感也要塑造出来。

Step 02

用黑色自动铅笔画出五官的细节，并勾勒出发型，此时注意铅芯不要太粗，可以用0.3mm的自动铅笔进行勾勒。

Step 03

画出所有线稿，包括服装的廓形和结构。线条要具有一定的力度，多用直线代替曲线，能使画面显得干净、有力。

Step 04

调出肤色，平涂于皮肤的区域，头部要留出眼睛和嘴巴的位置。同时画出外套、内搭以及裤子的颜色，裤子可以晕染出一些暗部和褶皱的形状，内搭的黄色尽量选用饱和度高的柠檬黄或者橙黄色。

深入刻画头部,
画出面部的阴影,
并刻画五官的体
积感,还有发型
的细节,以完善
整个头部。

用铅笔把格纹的形状画
出来,然后直接平涂上
色,颜色为浅灰色,不
要一次涂得过深。继续
深入刻画裤子,将褶皱
的明暗关系表现清楚。
最后把鞋子的结构用最
深的蓝色画出来,把整
体的感觉找准。

用最深的灰色画出格纹的黑色方块,即横竖格纹彼此交叉的方
形区域。画出内搭的笑脸图案,用白色彩铅略微添加鞋子的亮
部,使其更加立体。到此本例绘制完成。

Step
01

确定人物走姿动态，判断上下梯形之间的角度和方向。用装有橙色铅芯的 0.5mm 自动铅笔将人体画出来，注意中心线和重心线的关系。

Step
02

用橙色自动铅笔大致画出衣服的轮廓，并简单标记褶皱和细节的位置。

Step
03

完成线稿，五官和发型的细节也要表现出来。本例模特穿着的服装比较偏Oversize（大尺寸）风，整体不要画得过于修身，要体现男装特有的气质。

Step
04

调出肤色，刻画出五官和脖子的立体感，用少许橙色加黄色和少许棕色，配合大量清水调出比较浅的米橙色，为衣服打底。因为此外套的褶皱比较明显，可以待水分干透后，直接叠加刻画。同理，裤子的颜色可以直接用棕色加少许橙色来画。提包是比较偏冷的绿色，所以棕色加少许绿色就能得到提包的颜色。本步所有的部分都用比较轻的手法进行平涂，所以含水量要多一些。

深入刻画头部，加深暗面。上衣和裤子同样需要加深暗部的褶皱和轮廓。此时可以把提包和鞋子的质感及明暗关系表现出来。

用彩铅把横向格纹表现出来，颜色为亮橙色，整体颜色倾向比较鲜明，所以不要画得太灰。横向的橙色条纹中间包裹着两条黄色条纹，边缘是灰蓝色的，所以在此基础上再画出两条特别细的橙色线条，绘制顺序一定要判断清楚。最后用高光墨水或者高光笔把最细的竖条纹画出来。

用灰蓝色画出竖条纹，每处灰蓝色中间还包裹着黄色，再在中间画出更细的灰蓝色竖条纹。将提包上的字母图案绘制清楚，并晕染背景的阴影。到此本例绘制完成。

案例 1

01

确定人物走姿动态，判断上下梯形之间的角度和方向。用装有橙色铅芯的 0.5mm 自动铅笔将人体画出来，注意中心线和重心线的关系。

Step
02

完成线稿，五官和头发的细节都要表现出来。本例模特穿着一件羽绒服，整体线条流畅。绘制时，不要将时装画得过于修身。

Step
03

调出皮肤的颜色，可以用肉色加少许棕色和红色调制，绘制时留出眼睛和嘴的区域。羽绒服为浅蓝色，裤子为中黄色，同时模特的头发和衣服呼应，也是浅蓝色的，这样可以让风格更加突出。这里的羽绒服可以稍微晕染出一些暗部和结构。

Step
04

本例将羽绒服和印花图案服装相结合，所以需要把内搭的印花图案先画出来。因为颜色比较丰富，所以先用平涂的方式画出第一层颜色，为后续的刻画做好准备。

继续深入刻画印花
图案部分，同时用
深蓝色将羽绒服的
外轮廓稍微勾勒一
下，增加整体的体
积感。

刻画五官的体积感
和面部轮廓，可以
用比肤色更深的橙
棕色来画，然后可
以在衣服边缘用黑
线勾勒边缘，使整
体画面更加突出。

整体加深皮肤的暗部，并提亮皮肤的高光，使其
质感更明显，同时加深羽绒服的暗部，包括绗缝
的结构、褶皱的形状以及纽扣的细节。到此本例
绘制完成。

Step
01

采用常规方法确定人物
走姿动态。用橙色自动
铅笔或者橙色彩铅画出
五官的位置，面部的阴
影和鼻子的体积感也要
塑造出来。

Step
02

用黑色自动铅笔画出
五官的细节，并勾勒
出发型。此时注意铅
芯不要太粗，可以用
0.3mm 的自动铅笔进
行勾勒。

Step
03

画出所有线稿，
包括服装的廓形
和结构，本例模
特穿着一件羽绒
服，整体线条流
畅。绘制时可以
多用直线，且不
要将羽绒服画得
太过于修身。

Step
04

调出肤色，平涂于面部和手，
记得留出眼睛和嘴的区域。然
后调出衣服和裤子的颜色，本
例的羽绒服和裤子基本同色，
所以要把握好两者之间的关
系，做好区分。颜色是比较冷
的灰绿色，所以可以用绿色
加少许黑色进行调和，平铺
一层清水后迅速画满，并直
接用深色晕染出衣服的结构，
包括羽绒服的每一节绗缝，
把鼓包的体积感也表现出来。
画裤子时，把深浅关系表达
清楚。

继续深入刻画羽绒服和裤子，把明暗关系表现清晰，并加深整体的暗部，明显的褶皱也要画出来，这样羽绒服和裤子的体积感会更加明显，否则会显得太"平"。

刻画头部的所有细节，包括五官的体积感、面部的阴影和发型。发型可以直接用深棕色，顺着头发的生长方向把体积感表现出来，同时用深棕色勾勒手部细节。

完善细节后，画出最深以及最明显的褶皱细节，这一步可以用黑色或者灰绿色彩铅来画，更好地把控错综复杂的褶皱结构，然后用白色彩铅稍微提亮亮部。到此本例绘制完成。

案例 1

Step
01

采用常规方法确定人物走姿动态。用橙色自动铅笔或者橙色彩铅画出五官的位置，包括面部的阴影，鼻子的体积感也要塑造出来。

Step
02

用黑色自动铅笔画出五官的细节，并勾勒出发型，此时注意铅芯不要太粗，可以用0.3mm的自动铅笔进行勾勒。

Step
04

调出肤色，平涂整个面部，注意留出眼睛和嘴的位置。皮衣的颜色为灰绿色，可以用绿色加少许黑色来调和。开始时直接用最浅的颜色平涂整件衣服的区域，趁水分未干，立即用深色晕染出明显的褶皱和暗部。因为水分干得很快，所以建议以从左到右、从上到下的顺序分区域来画。例如，先平铺左侧的衣服然后晕染暗部，再继续画右侧的衣服及裙子。手套为饱和度偏高的湖蓝色，内搭为饱和度较高的橙色。

Step
03

完成线稿，五官和头发的细节都要表现出来。本例模特穿着一件收腰皮风衣，整体线条流畅，绘制时可以多用直线，且画线要果断。

Step
05

刻画出五官的细节
和整体的明暗关
系，以及头发的体
积感。因为模特的
发型并不是完全贴
合在头皮上的，所
以会有一些飞出的
毛发，几笔带出来
效果会更生动。

Step
06

继续深入刻画皮衣的暗
部，再加深整体的暗部，
把褶皱也刻画出来。把
手套、内搭和鞋子的明
暗关系表现出来，这一
步的深色可以比较重，
以衬托皮革的质感。

Step
07

用黑色彩铅或者直接用最深的绿色，把所有明显的褶
皱全部表现出来，并留出高光的位置。最后用白色彩
铅稍微提亮亮部，使皮革的质感得以呈现。到此本例
绘制完成。

Step 01

采用常规方法确定人物走姿动态。完成线稿，五官和头发的细节都要表现出来。本例模特穿着一件硬挺的绿色皮外套，整体线条流畅，可以多用直线绘制，下笔要果断。

Step 02

调出肤色，平涂于面部和手部，记得留出眼睛和嘴的位置。模特的头发为银色，可以用灰色打底。皮衣整体都是鲜绿色的，颜色饱和度比较高，所以可以直接用饱和度比较高的绿色或者荧光绿来打底。

Step 03

因为皮革面料的质感硬挺，暗部和亮部的区分十分明显，与镭射面料有几分相似，所以不会用到太多的晕染技法，基本上都采用叠加的手法不断加深即可。这一步可以找出明显的暗部区域来刻画，但是颜色先不要涂得太重。

Step 04

画出丝袜的质感，因为袜子上有印花图案，有比较冷的灰绿色，也有比较明亮的黄绿色，所以画的时候可以直接晕染，让两种颜色互相融合。可以用清水先铺一小部分，这样两种颜色之间就不会晕染得太过均匀，会有一些分界和水渍，此时的效果反而是我们需要的。最后画出提包的图案，并加深后面的腿部，表现前后关系。

继续加深衣服的暗
部，这一步要有选
择性地加深，不是
直接重复绘制第一
层的区域。

深入刻画头部，包括五
官的体积感、面部的阴
影，头发也要画出层次
感。加深衣服在腿部的
投影，稍微勾勒腿部轮
廓，使其更加逼真。

用最重的颜色画出衣服的最暗面，使重色和亮色拉
开距离。画出纽扣和耳钉，让画面效果更丰富。到
此本例绘制完成。

案例 1

Step
01

采用常规方法确定人物走姿动态。用橙色自动铅笔或者橙色彩铅画出五官的位置，包括面部的阴影，鼻子的体积感也要塑造出来。

Step
02

用黑色自动铅笔画出五官的细节，并勾勒出发型。此时注意铅芯不要太粗，可以用 0.3mm 的自动铅笔进行勾勒。

Step
03

完成线稿，五官和头发的细节都要表现出来。本例模特穿着一件比较修身的西装，整体线条流畅，可以多用直线绘制。

Step
04

用普通肤色加棕色再加少许橙色或者红色，调出模特的肤色，绘制时要留出眼睛和嘴的位置。用黑色平涂帽子，衣服是酒红色的，但要先涂一层非常浅的酒红色，趁水分未干，再用比这一层深一些的深红色来晕染暗部。这里要注意丝绒面料的亮部一般都是在边缘的位置，暗部都聚集在中间，不要画反了。同样，这一步也要分区域来画，可以比较好地控制时间和晕染的速度，绘制时需要细心和耐心。

深入刻画五官和皮肤质感，亮部可以用白色彩铅稍微提亮，这样画面更显层次。进一步加深帽檐部分，可以体现上下和内外的关系。

继续加深衣服的暗部，保留最浅的酒红色。这一步需要重新涂一层薄清水，然后再晕染深色。逐步加深，使亮部和暗部之间的差距越来越明显，这样光感会更强烈。

用深红色加少许黑色，调出丝绒面料最深的暗部色，重复上一步操作，不断加深，和亮部拉开距离。到此本例绘制完成。

Step
01

采用常规方法确定人物走姿动态。用橙色自动铅笔或者橙色彩铅画出五官的位置，包括面部的阴影，鼻子的体积感也要塑造出来。

Step
02

用黑色自动铅笔画出五官的细节，并勾勒出发型，此时注意铅芯不要太粗，可以用0.3mm的自动铅笔进行勾勒。

Step
03

完成线稿，五官和发型的细节都要表现出来。本例模特穿着一件比较修身的上衣，以及同面料的裤子，整体线条流畅。

Step
04

调出模特的肤色，可以用标准肤色加棕色再加少许橙色或者红色，绘制时注意留出眼睛和嘴巴的区域。衣服是橙棕色的，但是要先上一层非常浅的橙色，趁水分未干，再用比这一层深一些的橙棕色晕染出暗部。

Step
05

继续加深衣服的暗部，保留最浅的橙色，这一步需要重新平涂一层薄清水，然后再晕染深色，逐步加深，使亮部和暗部之间的差距越来越明显，光感也会更强烈。

Step
06

深入刻画五官和皮肤的质感，亮部可以用白色彩铅稍微提亮，更显层次。模特是黑色的短发，但是有一些微卷，画的时候可以直接平涂一层灰色，然后用黑色彩铅以画大圈的方式表现层次感。手部也用深棕色勾勒，把手部的体积感画出来。

Step
07

最后用橙棕色加少许黑色，调出丝绒面料最深的暗部色，重复之前加深衣服的步骤，不断加深，与亮部拉开距离。最亮的地方可以用白色彩铅稍微刻画一下，使其更显质感。到此本例绘制完成。

Step 01

确定人物走姿动态，判断上下梯形之间的角度和方向。用装有橙色铅芯的 0.5mm 自动铅笔将人体画出来，注意中心线和重心线的关系。

Step 02

用橙色自动铅笔或者橙色彩铅画出五官的位置，包括面部的阴影，鼻子的体积感也要塑造出来。

Step 03

调出肤色，平涂于面部，注意留出眼睛和嘴巴的区域。针织套头衫为浅咖色，可以用棕色加少许白色调制，在整体颜色提亮的同时会偏灰，粉感比较重。晕染出一些暗部，裙子同理，在浅绿色的基础上晕染出深一些的绿色暗部和空间关系。整个人的边缘可以用深棕色彩铅或者自动铅笔勾勒，以营造氛围感。

Step 04

深入刻画五官，以及头发的层次关系，注意脖子的体积感也要表现出来，尤其是胸部的明暗关系。

深入刻画针织套头衫和裙子的暗部，尤其是裙子的褶皱要画清楚，暗部的前后关系都要交代清楚，上衣的暗部也要刻画出来，最后可以把边缘再勾勒一下。

用棕色彩铅画出针织套头衫的纹样和肌理，绘制时一定要看清楚每个花纹之间的区别。花纹的多样性可以体现针织衫的质感，有一些地方有深有浅，不要全部都画成一种颜色，要表现层次感。

用白色彩铅提亮针织衫的亮部区域，尤其是一些纹样的亮部，可以表现凹凸的肌理，使整体针织的质感越发明显。再用黑色彩铅刻画所有最暗部的细节和边缘，用红色彩铅画出眼镜的边框。到此本例绘制完成。

采用常规方法确定人物走姿动态。用橙色自动铅笔或者橙色彩铅画出五官的位置,包括面部的阴影,鼻子的体积感也要塑造出来。

用黑色自动铅笔画出五官的细节,并勾勒出发型。此时注意铅芯不要太粗,可以用0.3mm的自动铅笔进行勾勒。

完成线稿,五官和头发的细节都要表现出来。本例模特穿着一件拼接针织上衣,以及一条丝绒裙子,整体线条流畅,可以多用曲线绘制。

调出肤色,平涂于面部,注意留出眼睛和嘴巴的区域。头发和鞋子都为黑色。可以用黑色加少许蓝色调出上衣和裙子的冷灰色。砖红色的区域可以用红色加少许棕色再加少许橙色来画。裙子的部分记得要趁水分未干时,晕染出褶皱和暗部。

用自动铅笔或者黑色彩铅
将针织上衣的纹样和肌理
勾勒出来，方便后续深入
刻画。加深左臂上的毛线
装饰，并画出裙子两侧的
短毛装饰和流苏。进一步
加深裙子的暗部，亮部保
持不变，把丝绒的质感体
现来后，加深衣服在裙子
上的投影，最后用深色勾
勒裙子的边缘。

深入刻画面部五官及头
发的体积感，画出腿部
的暗部，注意鞋子也有
流苏的设计，所以也要
一并画出。加深鞋子的
暗部，画出鞋子的脚踝
绑带。

棕色针织面料的区域，用深棕色继续刻画，表现该区域
的针织纹样和肌理（有深有浅）。同理，冷灰色及砖红
色区域都用各自的深色来刻画。最后用高光墨水在左臂
较深的区域，画出一条条浅色的线条，体现其毛线的质感。
到此本例绘制完成。

案例 1

Step 01

确定人物走姿动态，判断上下梯形之间的角度和方向。用装有橙色铅芯的0.5mm自动铅笔将人体画出来，注意中心线和重心线的关系。

Step 02

用橙色自动铅笔大致画出衣服的轮廓，并标记五官的位置。

Step 03

完成线稿，五官和头发的细节都要表现出来。本例模特穿着一件垂感明显的绸缎连衣裙，整体线条流畅，可以多用曲线绘制。

Step 04

调出肤色，平涂在面部，注意留出眼睛和嘴巴的区域。连衣裙是土黄色的绸缎面料，光感比较强烈，所以先调出最浅的比较薄透的土黄色平涂在连衣裙的区域，因为连衣裙有非常多的褶皱，明暗关系非常强烈，所以较少用到晕染的技法，这一步可以待水分干透再进行下一步。因为有头罩的设计，所以等肤色干透后，调制浅灰色，将整个头部盖住，还有小臂和腿部区域。

Step
05

画出头罩上的黑丝
带装饰，顺便勾勒
五官的轮廓，可以
不用画得太深入，
只要能把形状交代
清楚即可。用较深
的土黄色画出连衣
裙的暗部区域，并
留出亮部。

Step
06

用土黄色加少许深棕
色或者黑色调和的颜
色画出整条连衣裙的
暗部和褶皱，并不断
加深，依旧留出一些
亮部和有垂感的褶皱
部分。绘制时以垂直
的方向扫笔，可以画
出自然过渡的笔触，
更显面料的质感。

Step
07

因为灰色头罩、袖套和丝袜都有水钻和钉珠的设计，
这一步需要把它们整体加深，并在此基础上，用高
光笔点出所有高光，包括项链。最后加上背景阴影，
到此本例绘制完成。

Step
02

采用常规方法确定人物
走姿动态。用橙色自动
铅笔或者橙色彩铅画出
五官的位置，包括面部
的阴影，鼻子的体积感
也要塑造出来。

Step
03

用黑色自动铅笔画出
五官的细节，并勾勒
出发型。此时注意铅
芯不要太粗，可以用
0.3mm 的自动铅笔进
行勾勒。

Step
04

完成线稿，五官和头发的
细节都要表现出来。本例
模特穿着一件连体晚礼
服，整体线条流畅，可以
多用曲线绘制。

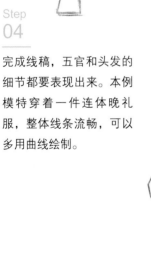

Step
05

调出肤色，平涂于皮肤的区域，
面部要留出眼睛和嘴巴的区
域。头发为棕色，可以先用浅
棕色打底。裙子为银灰色，可
以用少许的棕色加黑色，然后
加大量清水，调出非常浅的银
灰色，平铺一层，趁水分未干，
立即用深色晕染出比较明显的
褶皱和暗部。

Step
06

深入刻画五官和头发，头发用深棕色画出层次感，走向卷曲流畅。用深棕色勾勒手臂及裙子和皮肤的接触边缘，以体现立体感。

Step
07

进一步加深连身裙的暗部，使暗部和亮部拉开距离。绸缎和丝绒的区别在于，绸缎的暗部都在边缘，而丝绒在中间，这一点可以通过实物对比判断。

Step
08

用高光墨水调和清水得到的白色是很通透，又有一定覆盖力，用该色画出裙子上的白纱。待水分干透后，用自动铅笔或者黑色彩铅稍微勾勒一下边缘，使其体积感更加明显。最后用黑色彩铅画出裙子最深的部分，以加强面料的质感。到此本例绘制完成。

佳作欣赏

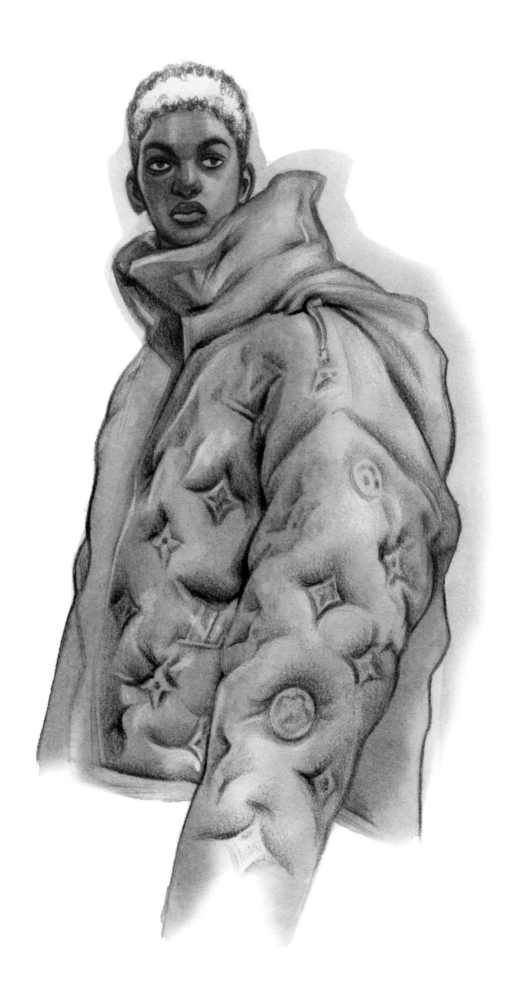

Chapter 07

读者服务

　　读者在阅读本书的过程中如果遇到问题，可以关注"有艺"公众号，通过公众号中的"读者反馈"功能与我们取得联系。此外，通过关注"有艺"公众号，您还可以获取艺术教程、艺术素材、新书资讯、书单推荐、优惠活动等相关信息。

扫一扫关注"有艺"

投稿、团购合作：请发邮件至 art@phei.com.cn。